Juliane Krug

Möglichkeiten und Grenzen marktbasierter Klimaschutzmechanismen

Evaluierung eines CDM-gestützten Abfallwirtschaftsprojektes in Indonesien

Diplomica Verlag GmbH

Krug, Juliane: Möglichkeiten und Grenzen marktbasierter Klimaschutzmechanismen: Evaluierung eines CDM-gestützten Abfallwirtschaftsprojektes in Indonesien, Hamburg, Diplomica Verlag GmbH 2013

Buch-ISBN: 978-3-8428-8550-9
PDF-eBook-ISBN: 978-3-8428-3550-4
Druck/Herstellung: Diplomica® Verlag GmbH, Hamburg, 2013

Bibliografische Information der Deutschen Nationalbibliothek:
Die Deutsche Nationalbibliothek verzeichnet diese Publikation in der Deutschen Nationalbibliografie; detaillierte bibliografische Daten sind im Internet über
http://dnb.d-nb.de abrufbar.

Das Werk einschließlich aller seiner Teile ist urheberrechtlich geschützt. Jede Verwertung außerhalb der Grenzen des Urheberrechtsgesetzes ist ohne Zustimmung des Verlages unzulässig und strafbar. Dies gilt insbesondere für Vervielfältigungen, Übersetzungen, Mikroverfilmungen und die Einspeicherung und Bearbeitung in elektronischen Systemen.

Die Wiedergabe von Gebrauchsnamen, Handelsnamen, Warenbezeichnungen usw. in diesem Werk berechtigt auch ohne besondere Kennzeichnung nicht zu der Annahme, dass solche Namen im Sinne der Warenzeichen- und Markenschutz-Gesetzgebung als frei zu betrachten wären und daher von jedermann benutzt werden dürften.

Die Informationen in diesem Werk wurden mit Sorgfalt erarbeitet. Dennoch können Fehler nicht vollständig ausgeschlossen werden und die Diplomica Verlag GmbH, die Autoren oder Übersetzer übernehmen keine juristische Verantwortung oder irgendeine Haftung für evtl. verbliebene fehlerhafte Angaben und deren Folgen.

Alle Rechte vorbehalten

© Diplomica Verlag GmbH
Hermannstal 119k, 22119 Hamburg
http://www.diplomica-verlag.de, Hamburg 2013
Printed in Germany

Inhaltsverzeichnis

1 **Einführung** 11

2 **Die UNFCCC und das Kyoto-Protokoll als Grundlage internationaler Klimaschutzpolitik** 13
   2.1   Die Entwicklung einer transnationalen Klimaschutzpolitik - Die UNFCCC 13
   2.2   Das Kyoto-Protokoll 18
   2.3   Die flexiblen Marktmechanismen 20
   2.4   Klimapolitik nach dem Kyoto-Protokoll 26

3 **Grundlagen des Clean Development Mechanism** 28
   3.1   Nachhaltige Entwicklung und Technologietransfer 28
   3.2   Institutionen und zentrale Begriffe des CDM 31
      3.2.1   Institutionen des CDM 32
      3.2.2   Elementare Konzepte des CDM 32
   3.3   Projektzyklus des Clean Development Mechanism 34
   3.4   Sektoren und Methoden des CDM mit Fokus auf die Abfallwirtschaft 36

4 **Katalog zur Beurteilung der nachhaltigen Entwicklung von CDM-Projekten** 41

5 **Statistische Erhebungen zu CDM-Projekten der Abfallwirtschaft** 48
   5.1   Regionale Verteilung von CDM-Projekten und CDM-gestützten Abfallwirtschaftsprojekten 48
   5.2   Kumulierte Summe registrierter CDM-Projekte und CDM-gestützter Projekte im Zeitverlauf 52
   5.3   Sektorenspezifische Verteilung von CDM-Projekten 52
   5.4   Verteilung der angewandten Methoden in CDM-gestützten Abfallwirtschaftsprojekten 56

6 **Evaluation des CDM am Fallbeispiel PT NOEI** 59
   6.1   Zur Allgemein- und Abfallentsorgungssituation in Indonesien 59
      6.1.1   Wirtschaftliche Situation Indonesiens 59
      6.1.2   Treibhausgasemissionen und Grundlagen der Abfallwirtschaft 60
   6.2   PT Navigat Organic Energy Indonesia (PT NOEI), Bali 62
      6.2.1   Konzeption und Vorhaben nach dem PDD 62
      6.2.2   Stand der Projektarbeit im Juli und August 2011 67
   6.3   Bewertung des CDM am Beispiel des Projektes PT NOEI 70

7 **Zukunft des CDM und sektorale Ansätze** 75
   7.1   Kritische Würdigung des CDM 75
   7.2   Konzept des sektoralen Ansatzes 78
   7.3   Offene Fragen und Perspektiven sektoraler Mechanismen 80

8 **Fazit** 83

9 **Literaturverzeichnis** 85

10 **Anhang** 90

Abbildungsverzeichnis

Abbildung 1:	Regionale Verteilung von Treibhausgasemissionen	16
Abbildung 2:	Aufbau und Organe der UNFCCC	18
Abbildung 3:	Möglichkeiten der Kooperation und des Umgangs mit Emissionszertifikaten	21
Abbildung 4:	Europäische und deutsche Umsetzung des Kyoto-Protokolls	23
Abbildung 5:	Beispiel zum Prinzip eines typischen CDM-Projektes	28
Abbildung 6:	Die drei Dimensionen der nachhaltigen Entwicklung	29
Abbildung 7:	Baseline und Referenzszenario der projektbasierten Mechanismen	33
Abbildung 8:	Der Projektzyklus des CDM	34
Abbildung 9:	Kriterien der indonesische DNA zur Bewilligung CDM gestützter Projekte hinsichtlich ihres Beitrages zu nachhaltigen Entwicklung des Landes	47
Abbildung 10:	Anzahl der CDM-Projekte und CDM-gestützten Abfallwirtschaftsprojekte je Kontinent	48
Abbildung 11:	Globale prozentuale Verteilung von CDM-Projekten je Kontinent	49
Abbildung 12:	Globale prozentuale Verteilung von CDM-gestützten Abfallwirtschaftsprojekten je Kontinent	49
Abbildung 13:	Regionale Verteilung der CDM-Projekte und CDM-gestützten Abfallwirtschaftsprojekte in Afrika	50
Abbildung 14:	Regionale Verteilung der CDM-Projekte und CDM-gestützten Abfallwirtschaftsprojekte in Asien	51
Abbildung 15:	Regionale Verteilung der CDM-Projekte und CDM-gestützten Abfallwirtschaftsprojekte in Südostasien	51
Abbildung 16:	Kumulierte Summe weltweit registrierter CDM-Projekte und CDM-gestützter Abfallwirtschaftsprojekte im Zeitverlauf	52
Abbildung 17:	Kumulierte Summe registrierter CDM-Projekte und CDM-gestützter Abfallwirtschaftsprojekte in Indonesien im Zeitverlauf	52
Abbildung 18:	Weltweite sektorenspezifische Verteilung von CDM-Projekten	53
Abbildung 19:	Sektorenspezifische Verteilung von CDM-Projekten in Indonesien	53
Abbildung 20:	Anzahl der CDM-gestützten indonesischen Projekte des Sektors Abfallwirtschaft und Kombinationen	54
Abbildung 21:	Sektorenspezifische Verteilung von CDM-Projekten in Thailand	54
Abbildung 22:	Sektorenspezifische Verteilung von CDM-Projekten auf den Philippinen	55
Abbildung 23:	Sektorenspezifische Verteilung von CDM-Projekten in Malaysia	55
Abbildung 24:	Angewandte Methoden in CDM-gestützten Abfallwirtschaftsprojekten weltweit	56
Abbildung 25:	Angewandte Methoden in CDM-gestützten Abfallwirtschaftsprojekten in Nordamerika	56

Abbildung 26:	Angewandte Methoden in CDM-gestützten Abfallwirtschaftsprojekten in Südamerika	57
Abbildung 27:	Angewandte Methoden in CDM-gestützten Abfallwirtschaftsprojekten in Afrika	57
Abbildung 28:	Angewandte Methoden in CDM-gestützten Abfallwirtschaftsprojekten in Asien	58
Abbildung 29:	Angewandte Methoden in CDM-gestützten Abfallwirtschaftsprojekten in Indonesien	58
Abbildung 30:	Übersicht zu weltweiten Emissionen (Stand 2007 in Milliarden Mg CO_2-Äqu.).	60
Abbildung 31:	Sektorale Verteilung der Treibhausgasemissionen Indonesiens (Stand 2000 in Mio. Mg CO_2-Äqu.).	60
Abbildung 32:	Lage und Übersicht der Deponie TPA SUWUNG	62
Abbildung 33:	Übersicht zum Projektgebiet PT NOEI	64
Abbildung 34:	AM0001 - Projektszenario	65
Abbildung 35:	AM0025 - Projektszenario	65
Abbildung 36:	AMS-I.D. - Projektszenario	66
Abbildung 37:	Zellen zur anaeroben Vergärung auf PT NOEI	69
Abbildung 38:	Abhängigkeit der Investorentscheidung von der Baseline des Gastlandes	77
Abbildung 39:	Prinzip der sektoralen Kreditierung	79

Tabellenverzeichnis

Tabelle 1:	Projektaktivitäten des CDM	37
Tabelle 2:	Darstellung und Umschreibung einer Auswahl von anwendbaren Methoden in CDM-Abfallwirtschaftsprojekten	39
Tabelle 3:	Katalog zur Beurteilung des Beitrags zur nachhaltigen Entwicklung von CDM-Projekten	45

Abkürzungsverzeichnis

a	Jahr
AAU	Assigned amount units / Einheit der zugeteilten Menge[1]
Abs.	Absatz
Art.	Artikel
AR WG	Afforestation and reforestation working group
BMU	Bundesministerium für Umwelt, Naturschutz und Reaktorsicherheit
CDM	Clean Development Mechanism / Mechanismus für umweltgerechte Entwicklung
CDM-AP	Accreditation Panel and Assessment Teams
CDM-IKI	CDM-Investitionsklimaindex
CER	Certified Emissions Reductions / Zertifizierte Emissionsreduktionen
CH_4	Methan
CMP	Conference of the Parties serving as the Meeting of the Parties of the Kyoto Protocol / Als Tagung der Vertragsparteien des Protokolls von Kyoto dienende Konferenz der Vertragsparteien
COP	Conference Of the Parties / Vertragsstaatenkonferenz
CO_2	Kohlenstoffdioxid
CO_2-Äqu.	Kohlenstoffdioxid Äquivalente
CPA	CDM Program Activities
DEHSt	Deutsche Emissionshandelsstelle
DFP	Designated Focal Points
DNA	Designated National Authorities
DOE	Designated Operational Entities
EB	CDM Executive Board
ERU	Emission reduction units / Emissionsreduktionseinheiten
FCKW	Fluorchlorkohlenwasserstoffe
FKW	Vollständige halogenierte Kohlenwasserstoffe
GWh	Gigawattstunden
H-FCKW	Teilhalogenierte Fluorchlorkohlenwasserstoffe
H-FKW	Teilfluorierte Kohlenwasserstoffe
IDR	Indonesische Rupiah
IE	JI Independend Entity
IPCC	Intergovernmental Panel on Climate Change
IRR	Internal Rate of Return
JI	Joint Implementation

---

[1] Die Übersetzungen dieses Verzeichnisses entstammen einer Übersicht eines Berichtes des Umweltbundesamtes (UBA, 2003).

JISC	JI Supervisory Committee
Kt	Kilotonne
kWh	Kilowattstunde
LoE	Letter of Endorsement / Befürwortungserklärung
Mg	Megagramm
MRF	Material Recovery Facility
MW	Megawatt
N_2O	Distickstoffoxid
PDD	Project Design Document / Projektdokumentation
PoA	Programme of Activities
PIN	Project Idea Note
POME	Palm oil mill effluent
ProMechG	Projektmechanismengesetz
PT	Perseroan Terbatas (ähnlich private limeted)
RIT	CDM Registration and Issuance Team
SF_6	Schwefelhexafluorid
SLC	Structured Landfill Cell
SSC WG	Small Scale Working Group
TEHG	Treibhausgasemissionshandelsgesetz
UBA	Umweltbundesamt
UNFCCC	United Nations Framework Convention on Climate Change
UNEP	United Nations Environmental Program
WMO	World Meterological Organization
WWF	World Wide Fund for Nature

1 Einführung

Der anthropogen verursachte Klimawandel stellt die Menschheit vor eine ihrer größten Herausforderungen. Das IPCC (Intergovernmental Panel on Climate Change) prognostizierte 2007, dass bis 2099 mit einem Anstieg der Erdoberflächentemperatur von 2 °C bis 6 °C zu rechnen ist. Dies hätte gravierende negative Auswirkungen auf bestehende ökologische, soziale und wirtschaftliche Prozesse. Der industrielle Fortschritt von Schwellen- und Entwicklungsländern und die damit einhergehende deutliche Steigerung der Emissionen beschleunigen den globalen Erwärmungsprozess. Die Notwendigkeit einer weltweiten Zusammenarbeit im Sinne des Klimaschutzes erscheint daher offensichtlich und ist dringend geboten. Es gilt, wirtschaftliche und klimatechnische Interessen effektiv und nachhaltig miteinander zu verbinden. Hierzu wurde die Klimarahmenkonvention der Vereinten Nationen seit 1992 bis heute von 195 Staaten unterzeichnet (UNFCCC, 2012a). Im 1997 verabschiedeten Kyoto-Protokoll verpflichteten sich erstmals einzelne (Industrie-) Staaten zu konkreten Reduktionszielen bezüglich der von ihnen produzierten Treibhausgase. Beide Dokumente bilden den Kern der heutigen Klimapolitik. Jeder Staat arbeitet dabei eigenverantwortlich auf die von ihm vereinbarten Treibhausgasreduktionsziele hin. Das Kyoto-Protokoll ermöglicht die Nutzung flexibler Mechanismen zur Erreichung der Reduktionsziele. Hierzu zählt der Handel mit Emissionszertifikaten zwischen den Staaten und Unternehmen, der Mechanismus für umweltverträgliche Entwicklung, CDM (Clean Development Mechanism), und die Gemeinsame Projektumsetzung, JI (Joint Implementation).

Stetig steigende Einwohnerzahlen, der Wunsch nach Mobilität, wachsende Abfallmengen und die zunehmende Nachfrage nach Energie in Schwellen- und Entwicklungsländern sind von diesen kaum zu bewältigen. Eine nachhaltige Entwicklung und/oder der Umwelt- und Klimaschutz haben bei der Bewältigung dieser Probleme oftmals nur eine geringe Priorität. Schwellen- und Entwicklungsländer sind meist nicht in der Lage ihre wirtschaftlichen und finanziellen Kapazitäten auf eine klimaverträgliche Entwicklung auszurichten. Der Mechanismus für umweltverträgliche Entwicklung greift dies auf und ermöglicht den Transfer umweltschonender, innovativer Technologien in Schwellen- und Entwicklungsländer sowie die Finanzierung klimaschonender, nachhaltiger Projekte. Die Technologie- und Finanzkraft der Industrienationen sollen die nachhaltige Entwicklung in Schwellen- und Entwicklungsländern stützen.

Veränderte Lebensformen der wachsenden Bevölkerung verstärken das seit Jahren offensichtliche Problem der Abfallentsorgung in diesen Ländern. Umweltprobleme entstehen durch eine nicht sachgemäße oder nicht vorhandene Behandlung und Ablagerung der Abfälle.

Dieses Buch evaluiert die Möglichkeiten und Grenzen des Clean Development Mechanism am Beispiel des CDM-gestützten Projektes PT NOEI auf Bali, Indonesien.

Zu Beginn werden die Entwicklung und die Grundprinzipien der internationalen Klimapolitik erläutert. Darauf folgend werden die allgemeine Funktionsweise, die rechtlichen Grundlagen und der prinzipielle Ablauf marktbasierter Klimaschutz-mechanismen dargestellt. Der Schwerpunkt wird hierbei auf den Mechanismus für umweltverträgliche Entwicklung, CDM, gelegt.

Zur Beurteilung des CDM hinsichtlich seines Beitrages zur nachhaltigen Entwicklung der Schwellen- und Entwicklungsländer wird ein Kriterienkatalog erstellt.

Basierend auf den Datenblättern der Projektdatenbank der UNFCCC wird eine Übersicht zur Anzahl der global und in ausgewählten Ländern Südostasiens und Indonesiens existierenden CDM-Projekte sowie CDM-gestützten Abfallwirtschaftsprojekte erstellt. Diese ist in Anhang 3 hinterlegt. Zusätzlich werden zwei Verzeichnisse aller Abfallwirtschaftsprojekte innerhalb des CDM in Indonesien und zum Vergleich in Thailand sowie den Philippinen erarbeitet. Diese enthalten u.a. Informationen zum Investor, den Emissionsminderungen und der übertragenen Technologie. Diese sind in Anhang 1 und 2 zu finden. Anhang 4 zeigt alle weltweit (an)laufenden Abfallwirtschaftsprojekte im Rahmen des CDM auf. Auf Basis der recherchierten Daten folgen statistische Auswertungen zu existierenden CDM-Projekten mit Schwerpunkt auf Projekte der Abfallwirtschaft.

Im Zuge der Evaluation der CDM-gestützten Abfallbehandlungsanlage auf PT NOEI auf der Deponie TPA SUWUNG, Indonesien, werden zunächst die Entwicklung und aktuelle Situation der Abfallwirtschaft in Indonesien und des Projektgebietes PT NOEI dargestellt. Es folgt eine Beschreibung der geplanten und realisierten Projektaktivitäten im Rahmen des CDM, in die zusätzlich eigene Recherchen vor Ort einfließen. Die Auswertung des Projektes erfolgt auf Grundlage des Kriterienkataloges zur nachhaltigen Entwicklung des Gastlandes.

Hinsichtlich der aktuellen Entwicklungen und Diskussionen bezüglich der zukünftigen Gestaltung des Klimaabkommens werden kritische Stimmen zum CDM dargestellt und das Prinzip der sektoralen Marktmechanismen vorgestellt und diskutiert. Es wird geprüft, welche Möglichkeiten sie für die Abfallwirtschaft in Schwellen- und Entwicklungsländern bieten.

2 Die UNFCCC und das Kyoto-Protokoll als Grundlage internationaler Klimaschutzpolitik

Bereits 1979 wurde im „Charney Report" der National Acedemy of Scienes verdeutlicht, dass der laufende Anstieg der Kohlenstoffkonzentration in der Atmosphäre einen weltweiten Temperaturanstieg nach sich ziehen würde (Charney et al, 1979).

Auf Basis dieser Erkenntnisse wurde 1988 das IPCC, Intergovernmental Panel on Climate Change, durch das United Nations Environmental Program (UNEP) und die World Meterological Organization (WMO) ins Leben gerufen. Das IPCC hatte die Aufgabe, aktuelle Erkenntnisse zum Klimawandel zusammenzutragen und zu beurteilen. Hierbei sollten soziale und wirtschaftliche Folgen eruiert sowie Strategien zur Abwendung und Minderung des Klimawandels und seiner Folgen erarbeitet werden (IPCC, 2010). Heute veröffentlicht das IPCC regelmäßig (etwa alle 6 Jahre) einen Bericht, welcher die aktuellen Erkenntnisse der Klimaforschung zusammenträgt. Die enorme Bedeutung dieser Berichte kommt durch die Auszeichnung der Organisation mit dem Friedensnobelpreis (Zusammen mit Al Gore, ehemaliger US-Vizepräsident) im Jahr 2007 zum Ausdruck. Die Berichte des IPCC gelten weltweit als Grundlage für Entscheidungen im Rahmen der Klimapolitik.

Erfolgreicher und nachhaltiger Klimaschutz ist jedoch nur durch eine intensive, grenzüberschreitende Zusammenarbeit aller Nationen zu erreichen. Unterschiedliche Interessen und die Zahl der Akteure erschweren eine Entscheidungsfindung.

Im Folgenden sollen zunächst die Problematik und Grundlagen der internationalen Klimaschutzpolitik dargestellt werden. Hierbei werden die Klimarahmenkonvention und das Kyoto-Protokoll sowie die aktuellen Entwicklungen berücksichtigt.

2.1 Die Entwicklung einer transnationalen Klimaschutzpolitik - Die UNFCCC

Die umfangreichen internationalen Debatten zum Thema internationale Klimapolitik, Emissionshandel oder Erwärmung der Erdoberfläche erfordern zunächst die Definition des zentralsten Begriffes: Klimawandel. Die Klimarahmenkonvention gibt in Art. 1, Abs. 2 folgende Definition:

""Climate change" means a change of climate which is attributed directly or indirectly to human activity that alters the composition of the global atmosphere and which is in addition to natural climate variability observed over comparable time periods." (UNFCCC, 1992, Art. 2).

Die Formulierung Kreuter-Kirchhofs (2005) betrifft die umfassenden und komplexen Auswirkungen des Klimawandels auf alle zentralen und globalen Prozesse:

„Der Klimawandel ist ein langfristiges, globales Phänomen mit komplexen Wirkungen auf ökologische, wirtschaftliche, politische, institutionelle, soziale und technologische Prozesse."

Die Definition des IPCC grenzt sich nicht zentral von der der UNFCCC ab, die Perspektive ist eine andere (vgl.: IPCC, 2012).

Die natürliche Erderwärmung wird massiv durch eine anthropogen verursachte Erwärmung beschleunigt (IPCC, 1990). Verantwortlich für den anthropogen verursachten Klimawandel sind die sogenannten Treibhausgase, welche durch vielfältige Aktivitäten und die moderne Lebensweise des Menschen freigesetzt werden.

Treibhausgase verteilen sich unabhängig vom Emissionsort in der gesamten Atmosphäre. Der Verursacher, sei es privater oder nationaler Art, ist nicht direkt von der gesamten Emissionsintensität und ihrer Folgen betroffen. Global gesehen betrifft die einzelne Emission jedoch jeden, wobei es zu unterschiedlichen Intensitäten oder Folgen, unteranderem durch regionale Gegebenheiten, kommen kann.

Jahrzehntelang wurden beispielsweise FCKW und ähnliche Treibhausgase weltweit freigesetzt. Die Folge war eine partielle Ausdünnung der Ozonschicht, welche über der Antarktis zu einer Art Loch in der Ozonschicht führte. Vor allem die Südhalbkugel ist von dieser global verursachten Problematik betroffen. 1985 konnte im Montrealer Protokoll ein weltweiter Verzicht auf die schädlichen Treibhausgase beschlossen werden. Die Emissionen gingen bis heute um etwa 95 % zurück (BMU, 2009). Die entstandenen Probleme werden jedoch noch lange andauern.

Dieses Beispiel soll die Komplexität und die langfristige Problematik globaler Klimaschutzpolitik aufzeigen. Volkswirtschaftlich gesehen sind das Klima und die mit ihm verbundenen Begriffe wie Luft, Ozean, auch die Ozonschicht, öffentliche Güter. Sie stehen jedem in uneingeschränktem Umfang zur Verfügung, niemand kann von ihnen ausgeschlossen werden (Varian, 2007). Da niemand ausgeschlossen werden kann, profitiert jeder (Staat) von der ambitionierten Klimapolitik oder den Umweltbestrebungen eines anderen Staates. Jedoch ist er auch von einer verantwortungslosen Klimapolitik anderer Staaten betroffen (Holzer, 2010). Auf nationaler Ebene ist eine einheitliche Politik durchsetzbar und eine ausgewogene und faire Verteilung von Verantwortlichkeiten und Auflagen bezüglich der Klimapolitik möglich. Auf internationaler Ebene ist dies allerdings nur schwer umzusetzen.

Der Klimawandel hat für jeden Staat Folgen unterschiedlicher Art und Intensität. Generell kann von einer Zunahme von Extremwetterereignissen, einem allgemeinen Temperaturanstieg und einem steigenden Meeresspiegel ausgegangen werden (IPCC, 2012). Welche Tragweite und Bedeutung diese Folgen auf einzelne Regionen haben, soll hier aus Kapazitätsgründen nicht detailliert dargestellt werden. Jedoch kann als Prämisse davon ausgegangen werden, dass die Klimaerwärmung für jede Region zumindest langfristig negative Wirkungen zeigt.

Welche konkreten Maßnahmen den Klimawandel nachhaltig stoppen oder einschränken können und dabei international durchsetzbar sind, ist umstritten. Generell kann der allgemeine technologische Fortschritt als geeignet angesehen werden. Neue Technologien können weitere Emissionen verhindern oder mindern und die Energieeffizienz steigern. Ein Technologietransfer zwischen Industrie- und Schwellen-/ Entwicklungsstaaten ermöglicht weitere Emissionsreduktionen. Natürliche Senken[2] müssen weiter bewahrt und aufgebaut werden. Die Kosten für solche Treibhausgasreduktionsmaßnahmen sind nicht von jedem Staat finanzierbar. Hier sollten Wege gefunden werden (solche wie die flexiblen Mechanismen des Kyoto-Protokolls), welche die Investitionskosten für Treibhausgasminderungsmaßnahmen gerecht und nachhaltig global verteilen (Kreuter-Kirchhof, 2005).

Staaten und private Verursacher schädlicher Emissionen müssen Verantwortung tragen, auch wenn sie (noch) nicht konkret oder direkt betroffen sind. Auf staatlicher Ebene kann dies nicht erzwungen werden. Jedem Staat ist es jedoch freigestellt sich an internationalen Abkommen zu beteiligen. Da jedes Land seinen unmittelbaren eigenen Nutzen maximieren möchte, sind verbindliche Abkommen für Staaten unattraktiv, da sie vermeidlich unnötige Ausgaben bedeuten oder mit wirtschaftlichen Einschränkungen verbunden sind. Rein rational werden Staaten solchen Abkommen nur zustimmen, wenn der Nutzen der Kooperation, die damit verbundenen (Opportunitäts-)Kosten übersteigt (Holzer, 2010).

Dies zeigt sich auch deutlich bei dem Versuch der Umsetzung einer globalen Klimaschutzpolitik. Die Anerkennung des anthropogen verursachten Klimawandels durch einen Staat, bedeutet nicht, dass er Maßnahmen ergreift, um dem entgegenzuwirken und somit seinen Beitrag zu einer fairen und verantwortungsvollen globalen Klimapolitik zu leisten. Deutlich wird dies bspw. daran, dass der Kohlenstoffdioxidausstoß von 2009 auf 2010 um weitere 6 % anstieg, wobei die Hauptverantwortlichen hierbei China, die USA und Indien waren (Ehrenstein, 2011). Die USA haben das Kyoto-Protokoll nicht ratifiziert, Indien und China weigern sich darüber hinaus konkreten Emissionsminderungen zuzustimmen (UNFCCC, 2012c). Abbildung 1 verdeutlicht die regionale Verteilung der Treibhausgasemissionen (Raupach et al., 2007). Zum einen wird das paradoxe Verhältnis zwischen dem Bevölkerungswachstum (welches in seinen Dimensionen auch mit dem aktuellen Stand der Bevölkerung vergleichbar ist) und den emittierten Treibhausgasen 2004

---

[2] *„Wälder, Böden und Meere sind bedeutende natürliche Speicher von Kohlenstoff, sie binden Kohlenstoff aus der Atmosphäre."* (vgl. BMU, 2011a).

deutlich. Zum anderen machen die extremen Wachstumsraten der Treibhausgasemissionen Chinas und der Entwicklungsländer deutlich, dass diese im Zuge einer erfolgreichen, internationalen Klimapolitik mehr Verantwortung tragen müssen.

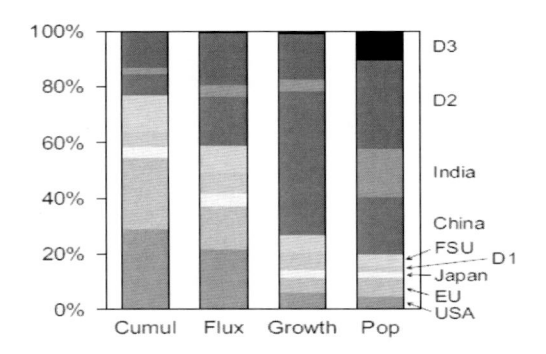

D1: Developed countries
D2: Developing countries
D3: Least Developed countries
FSU: Former Soviet Union
Explanation: Relative contributions of nine regions to cumulative global emissions (1751–2004), current global emission flux (2004), global emissions growth rate (5 year smoothed for 2000–2004), and global population (2004).

Abbildung 1: Regionale Verteilung von Treibhausgasemissionen

Jahre nach dem Inkrafttreten des Abkommens wird deutlich, dass die verbindlichen Vereinbarungen zu Emissionsminderung von vielen Staaten nicht konsequent verfolgt werden (Holzer, 2010).

Letztlich muss jedoch festgehalten werden, dass ein internationales Abkommen der einzige Weg ist, dem Klimawandel als globalem Problem entgegenzuwirken. Ein solches Abkommen muss laufend an aktuelle Gegebenheiten angepasst und weiter entwickelt werden, in der Hoffnung, dass der Wille Verantwortung für künftige Generationen und ein intaktes Ökosystem zu übernehmen steigt.

Durch das Rahmenübereinkommen der Vereinten Nationen über Klimaveränderungen (United Nations Framework Convention on Climate Change) wurde im Mai 1992 in New York beschlossen, *„…das Klimasystem für heutige und künftige Generationen zu schützen."* (UNFCCC, 1992, Art. 2). Dieser Entschluss entstand aufgrund der Erkenntnis, dass die durch den Menschen verursachte Klimaerwärmung gravierende und nicht vollständig absehbare Konsequenzen für das gesamte Ökosystem hervorrufen wird. Grundsätzliches Ziel war und ist:

„The ultimate objective of this Convention (…), is to achieve, (…), stabilization of greenhouse gas concentrations in the atmosphere at a level that would prevent dangerous anthropogenic interference with the climate system." (UNFCCC, 1992, Art. 2).

Aufgrund mangelnder Einigkeit innerhalb der Vertragspartner wurde bis heute keine genauere Darstellung dieses Ziels formuliert (Aldy, Stavins, 2007).

Die Klimarahmenkonvention sieht ein zweistufiges Verfahren vor. Zunächst setzen die Parteien die allgemeinen Ziele und die Grundsätze der Zusammenarbeit fest. Im zweiten

Schritt sollten diese Grundsätze durch Protokolle weiter konkretisiert werden. Diese Protokolle sollen die Vorgaben der Klimarahmenkonvention erfüllen (Kreuter-Kirchhof, 2005).

Die Grundsätze der UNFCCC werden in Art. 3 der Klimarahmenkonvention beschrieben. Demnach sollen sich die Maßnahmen zur Verwirklichung des gemeinsamen Klimaschutzes und deren Durchführung zuerst an dem Vorsorgegrundsatz orientieren (UNFCCC, 1992, Art. 3, Abs. 3). Nachteilige Auswirkungen menschlicher Aktivitäten auf das Klimasystem sind prinzipiell zu vermeiden. Es gilt weiterhin der Grundsatz der Gerechtigkeit und der gemeinsamen, aber unterschiedlichen Verantwortung (UNFCCC, 1992, Art. 3, Abs. 1). Artikel 4 - Verpflichtungen - der UNFCCC sieht die Erarbeitung nationaler und regionaler Programme zur Bekämpfung der Treibhausgasemissionen vor. Art. 4, Abs. 3 verpflichtet die in Anhang B der Klimarahmenkonvention aufgeführten entwickelten Staaten zum Finanz- und Technologietransfer.

Die Klimarahmenkonvention enthält demnach keine bindenden Reduktionsverpflichtungen, sondern bildet die Grundlage für die Ausgestaltung der Protokolle und deren konkrete Maßnahmen und Verpflichtungen.

Die Klimarahmenkonvention wurde 1994 von 154 Staaten unterschrieben und trat im selben Jahr in Kraft. Während der jährlich stattfindenden Vertragsstaatenkonferenz (offiziell: Conference of the parties, kurz COP) werden Gegenmaßnahmen zur Klimaerwärmung und die Weiterentwicklung der vorhandenen Systeme zum Klimaschutz diskutiert. Diese verbindlichen Entscheidungen sollen in den Protokollen erfasst werden. Die UNFCCC wurde im Dezember 1993 auch im Namen der europäischen Gemeinschaft angenommen (Stratmann, 2011).

Als oberstes Organ der Klimarahmenkonvention wurde die Vertragsstaatenkonferenz (COP) erklärt. Abbildung 2 gibt eine Übersicht zum Aufbau der UNFCCC (UNFCCC, 2012b). Alle Vertragsstaaten sind in der Vertragsstaatenkonferenz vertreten. Die gesamten Aktivitäten der UNFCCC werden hier diskutiert, Protokolle verabschiedet und Entscheidungen getroffen. Die COP fungiert zugleich als Zusammenkunft für die Vertragsstaaten des Kyoto-Protokolls (engl. CMP: Conference of the Parties serving as the Meeting of the Parties of the Kyoto Protocol). Nicht-Vertragsstaaten sind hierbei nur Beobachter. Die CMP überwacht die Umsetzung des Kyoto-Protokolls und diskutiert dessen Weiterentwicklung. Die untergeordneten Organe unterstützen die CMP durch Bereitstellung von Informationen und Empfehlungen. Die übergeordneten Organe übernehmen jeweils die Verantwortung und Leitung über die jeweiligen Ressorts. Sie unterliegen dennoch der Autorität der CMP und müssen sich nach dessen Weisungen richten. Das Clean Development Mechanism Executive Bord ist der Ansprechpartner für alle Projektpartner registrierter CDM-Projekte und verantwortlich für die Vergabe von CER (Certified Emissions Reductions) (UNFCCC, 2012b).

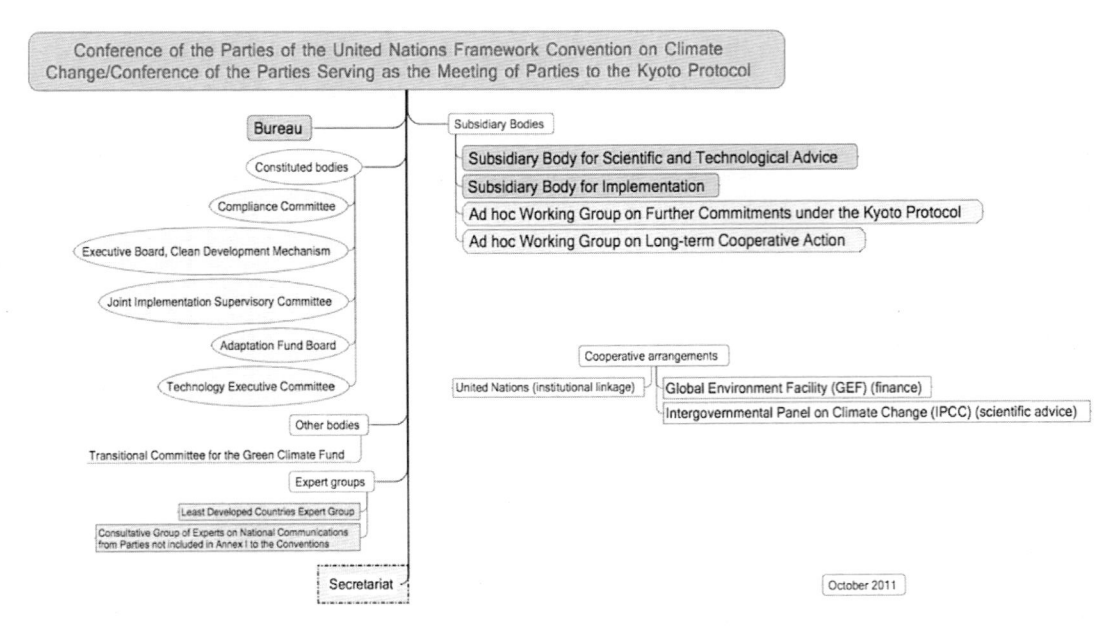

Abbildung 2: Aufbau und Organe der UNFCCC

2.2 Das Kyoto-Protokoll

Das Kyoto-Protokoll stellt den ersten völkerrechtlich verbindlichen Vertrag zur Minderung des Klimawandels dar. Erstmals wurden rechtlich bindende Mengenbegrenzungen für Treibhausgasemissionen in Industriestaaten festgesetzt. Für das Inkrafttreten des Vertrages mussten mindestens 55 Staaten, die 1990 für 55 % der Emissionen verantwortlich waren, das Protokoll ratifizieren. Das Protokoll trat am 16. Februar 2005 in Kraft. Bis heute haben 195 Staaten das Kyoto-Protokoll ratifiziert. Die völkerrechtliche Bindung tritt erst durch Ratifikation ein. Ein Staat muss neben der Unterzeichnung förmlich erklären, dass er an das Protokoll gebunden ist (Stratmann, 2011). Weltweit haben alle Industrieländer bis auf die USA das Kyoto-Abkommen ratifiziert (BMU, 2011a).

Die erste COP fand 1995 in Berlin statt. Hierbei wurde das „Berliner Mandat" entwickelt, welches die Basis für spätere Verhandlungen um das Kyoto-Protokoll 1997 in Kyoto, Japan, auf der COP 3 darstellte (UBA, 2003). Das dort entwickelte Protokoll klärte jedoch nicht die konkrete Umsetzung der beschlossenen Emissionsreduktionsziele. Auf den Folgekonferenzen, wie in Buenos Aires 1998 (Buenos Aires Plan of Action), in Bonn 1999 und 2001 (Bonn Agreements), Den Haag 2000 und Marrakesch 2001 (Marrakesh Accords) konnten detailliertere Formen der Umsetzung der Ziele vereinbart werden.

Das heute bestehende Kyoto-Protokoll impliziert alle inzwischen getroffenen Konkretisierungen.

Zentrale Inhalte des Kyoto-Protokolls

Für alle Vertragsparteien gelten die Verpflichtungen nach Art. 4 Abs. 1 der Klimarahmenkonvention. Auch Schwellen- und Entwicklungsländer werden eingebunden. Dies bedeutet, dass alle Parteien dazu angehalten sind, nationale Programme zur Minderung ihrer Treibhausgasemissionen zu erarbeiten, geeignete Technologien und Maßnahmen zu entwickeln sowie natürliche Treibhaussenken zu erhalten (UNFCCC, 1992; UBA, 2003). Für die in Anhang B des Kyoto-Protokolls aufgelisteten Industriestaaten sind konkrete Emissionsminderungen und -begrenzungen festgesetzt. Hierbei sollen Treibhausgasemissionen für den Zeitraum 2008 bis 2012 um durchschnittlich 5,2 % gegenüber dem Bezugsjahr 1990 gesenkt werden. Um Schwankungen zu umgehen, wurde kein fixes Zieljahr, sondern ein Zeitraum für die Erfüllung der Forderungen festgesetzt (UBA, 2003).

Der Begriff Treibhausgase umschreibt die Gesamtmenge aller freigesetzten und in Anhang A des Kyoto-Protokolls aufgeführten Gase. Hierzu zählen: CO_2 (Kohlenstoffdioxid), CH_4 (Methan), N_2O (Distickstoffoxid), H-FKW (Teilfluorierte Kohlenwasserstoffe), FKW (Vollfluorierte Kohlenwasserstoffe) und SF_6 (Schwefelhexafluorid) (UNFCCC, 1992, Anhang A). Um eine einheitliche „Währung" zu erhalten, erfolgt eine Umrechnung der Treibhausgaspotenziale in CO_2-Äquivalente (CO_2-Äqu.) nach den Vorgaben des IPCC (UBA, 2003).

Die Europäische Union verpflichtete sich zu einer Senkung von 8 % ihrer Emissionen gegenüber 1990. Innerhalb der EU wurde dieser Betrag jedoch länderspezifisch differenziert. Deutschland übernahm hierbei nach Luxemburg (-28 %) den zweitgrößten Reduktionsbetrag und verpflichtete sich zu einer Minderung seiner Emissionen um 21 %. Frankreich und Finnland beispielsweise sollten ihr Emissionsniveau von 1990 nur halten, Portugal und andere Staaten dürfen ihr Emissionsniveau sogar steigern (UNFCCC, 1992, Anhang B).

Die Emissionsbegrenzungs- und -minderungsverpflichtungen gelten für die 1. Verpflichtungsperiode (2008 bis 2012). Während dieser Zeit sollen in Verhandlungen die Verpflichtungen für die zweite Periode festgelegt werden.

Um die Minderungsvorgaben zu erreichen gibt das Kyoto-Protokoll, zusätzlich zu den nationalen Programmen, auch die Möglichkeit der Nutzung sogenannter „Flexibler Mechanismen", welche u.a. auf die Kosteneffizienz der Treibhausgasminderung ausgerichtet sind (Holzer, 2010). Der Emissionshandel gibt die Möglichkeit mit zugeteilten Emissionswerten national und international zu handeln. Joint Implementation sieht die Kooperation zwischen Industriestaaten bei der Umsetzung von Projekten vor. Mit Hilfe des CDM (Clean Development Mechanism) generieren Industrieländer Gutschriften durch

Projekte in Entwicklungs- und Schwellenländern. Der technologische Transfer in Schwellen- und Entwicklungsländer ist ein weiteres Mittel des CDM den Treibhausgasemissionen nachhaltig entgegen zu wirken. Auf der Vertragsstaatenkonferenz im Jahr 2005 in Montreal wurden die nötigen Richtlinien zur Umsetzung des Kyoto-Protokolls verabschiedet.

Das Kyoto-Protokoll soll im Sinne sich verändernder Erkenntnisse zu den weltweiten Klimaänderungen und ihrer Folgen stetig überprüft und fortgeschrieben werden.

Das Kyoto-Protokoll stellt die wichtigste Ausarbeitung der bisherigen internationalen Klimaschutzpolitik dar. Allerdings läuft die erste „Verpflichtungsperiode" 2012 aus. Bisher existiert kein ähnliches Nachfolgedokument. Auch reichen die bisherigen Emissionsreduktionen noch nicht aus, um die vereinbarte maximale Erderwärmung von 2 °C einzuhalten. Laut IPCC müssten dazu die Industrienationen ihre Treibhausgasemissionen bis 2050 um mindestens 80 % gegenüber 1990 senken. Ein wichtiger Schritt wäre, dass sich die USA als stärkste Wirtschaftsnation und zweitgrößter Emissionsverursacher hinter China (Stand 2009) über die Ratifizierung des Kyoto-Protokolls ebenfalls zur Reduktion ihrer Treibhausgasemissionen verpflichten würden (BMU, 2011b). Wirtschaftsstarke Schwellenländer wie China und Indien sollten sich angesichts ihrer stetig wachsenden Emissionen zu einer Reduktion solcher Gase verpflichten. Es muss weltweit erkannt werden, dass eine nachhaltige, globale Klimaschutzpolitik, ein nationales Wachstum nicht zwangsläufig behindern muss. Die gemeinsame Verantwortung für das globale Ökosystem sollte auch von Nichtindustrienationen erkannt werden. Die differenzierte Verantwortung (UNFCCC, 1992, Art. 2, Abs. 1), wie sie in der Klimarahmenkonvention genannt ist, sollte näher definiert werden, um auch bevölkerungs- und emissionsreiche Schwellenländer wie Indien und China mit einzubeziehen. Gelingt dies, wäre es ein Zeichen für andere Nationen, dem gleich zu tun. Noch bremsen sich die genannten Staaten gegenseitig.

2.3 Die flexiblen Marktmechanismen

Das Kyoto-Protokoll gibt den Anhang B-Staaten die Möglichkeit, marktwirtschaftliche Mechanismen zu nutzen, um die verbindlichen Reduktionsmengen zu erreichen. Ihre Nutzung ist nicht zwingend, jedoch erleichtern sie meist die Einhaltung der festgesetzten Emissionsmengen. Vordergründiges Ziel ist die Unterstützung der Industriestaaten in ihren Reduktionsbestrebungen. Der Mechanismus für umweltverträgliche Entwicklung fördert nachhaltige, zukunftsorientierte Technologie in Schwellen- und Entwicklungs-ländern. Das Interesse der Industriestaaten an Emissionszertifikaten lässt sie in Projekte in nicht Anhang B-Staaten investieren.

Das Kyoto-Protokoll sieht drei marktwirtschaftliche Mechanismen vor:

Den internationalen Handel mit Emissionszertifikaten (International Emissions Trading) zwischen Staaten (Artikel 17 des Kyoto-Protokolls),

die gemeinsame Projektumsetzung (JI: Joint Implementation) (Artikel 6 des Kyoto-Protokolls) und

den Mechanismus für umweltverträgliche Entwicklung (CDM: Clean Development Mechanism) (Artikel 12 desKyoto-Protokolls).

Abbildung 3 verdeutlicht die Möglichkeiten der Industriestaaten zum Umgang mit Emissionszertifikaten und der Kooperation untereinander (eigene Darstellung in Anlehnung an BMU, 2010d).

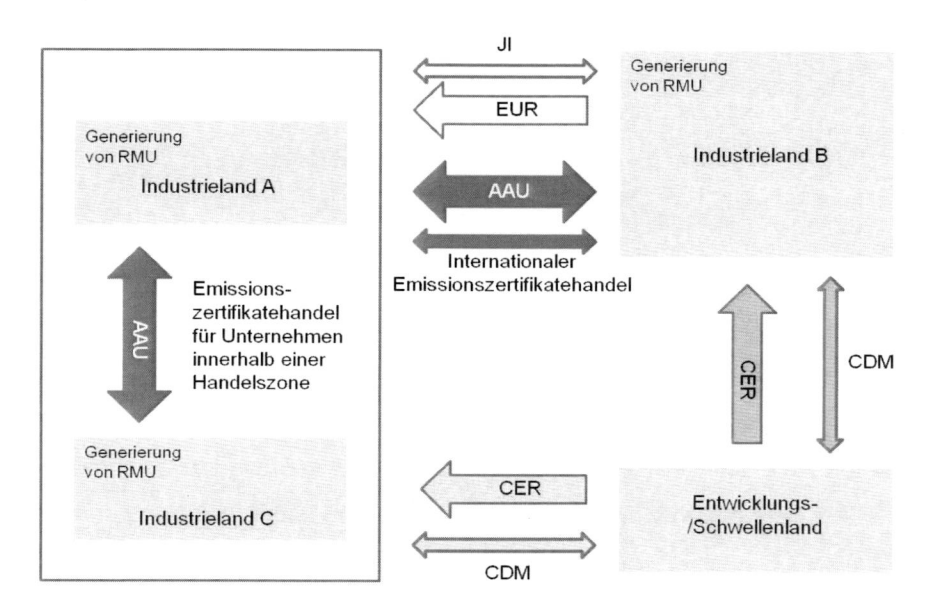

Abbildung 3: Möglichkeiten der Kooperation und des Umgangs mit Emissionszertifikaten

Der Handel mit Emissionen wird durch international anerkannte Emissionszertifikate ermöglicht. Für jede emittierte Tonne eines Treibhausgases wird ein Zertifikat vorgelegt. Das Kyoto-Protokoll unterscheidet vier verschiedene Emissionszertifikate:

AAU (Assigned Amount Units) sind die zu Beginn des Verpflichtungszeitraums den Anhang B-Staaten zugeteilten Emissionszertifikate,

CER (Certified Emission Reductions) werden im Rahmen von CDM-Projekten der Industriestaaten in Entwicklungs- und Schwellenländern vergeben,

ERU (Emission Reduction Units) werden Projekten der gemeinsamen Umsetzung in anderen Industriestaaten zugeteilt sowie

RMU (Removal Units) werden für nationale Senkenprojekte vergeben (Artikel 3.3 und 3.4 des -Protokolls).

Artikel 3. 1 des Kyoto-Protokolls sieht vor, dass die Staaten aus Anhang B zum Ende des ersten Verpflichtungszeitraums (2008 bis 2012) Emissionszertifikate vorlegen, welche ihren emittierten Treibhausgasmengen entsprechen. Bei unzureichender Zahl von Zertifikaten sind Sanktionen vorgesehen. Somit ist das vorrangige Ziel des Kyoto-Protokolls durch verbindliche Reduktionsziele in der 1. Verpflichtungsperiode eine Änderung des Emissionsverhaltens der Anhang B-Staaten zu erreichen (BMU, 2010d).

Im Folgenden sollen der Grundgedanke und die generelle Funktionsweise des europäischen Emissionshandels, von Klimaschutzprojekten und des Mechanismus der gemeinsamen Umsetzung betrachtet werden.

Der europäische Emissionshandel

Grundgedanke des Emissionshandels ist ein flexibles „Cap and Trade" - System. Durch die UNFCCC wurde den Industriestaaten eine bestimmte Anzahl AAU zugewiesen, welche ihnen die Emission einer konkreten Menge an Treibhausgasen innerhalb einer Emissionshandelsperiode erlaubt. Die erlaubte Emissionsmenge wird nach jeder Handelsperiode reduziert. Die erste Emissionshandelsperiode umfasste die Jahre 2005 bis 2007. Die zweite begann im Jahr 2008 und läuft 2012 aus. Die dritte Handelsperiode beginnt in im Jahr 2013 (BMU, 2010c). In der zweiten Handelsperiode wurde nicht mehr die gesamte Menge an Zertifikaten unentgeltlich an Unternehmen weitergegeben, 10 % der Zertifikate wurden versteigert. Ab 2013 wird der europäische Emissionshandel weiter harmonisiert, um gleiche Wettbewerbsbedingungen innerhalb der EU sicherzustellen. Es wurde ein EU - weites Cap und EU - einheitliches Zuteilungssystem erarbeitet, wobei der überwiegende Teil der Emissionszertifikate versteigert wird.

Nicht genutzte Zertifikate können weiterveräußert werden. Das Kyoto-Protokoll gibt Industriestaaten die Möglichkeit der Bildung von Gemeinschaftssystemen, auch Bubbles. Diese können ihre Verpflichtungen gemeinsam erfüllen. Die EU stellt ein solches System dar. Innerhalb dieses Systems werden die Reduktionsverpflichtungen nochmals differenziert. Zudem kann in diesem Rahmen ein zwischenstaatlicher Emissions-zertifikatehandel auf Unternehmensebene aufgebaut werden. Die 2003 verabschiedete EU-Emissionshandelsrichtlinie sieht den Aufbau eines EU-weit einheitlichen Emissionshandelssystems vor (BMU, 2010b). Mit der Linking Directive konnten die zwei anderen Mechanismen des Kyoto-Protokolls mit dem Emissionshandel verknüpft werden. Auf diese Weise sind diese Instrumente von Unternehmen zur Erlangung zusätzlicher Zertifikate nutzbar. Der europäische Emissionshandel startete am 1. Mai 2005.

Wie Abbildung 4 (in Anlehnung an UBA, 2005) zeigt wird die EG-Emissionshandelsrichtlinie auf nationaler Ebene durch das TEHG umgesetzt. Durch das ProMechG können die projektbezogenen Mechanismen JI und CDM auch von deutschen Unternehmen zur Erfüllung ihrer Verpflichtungen genutzt werden.

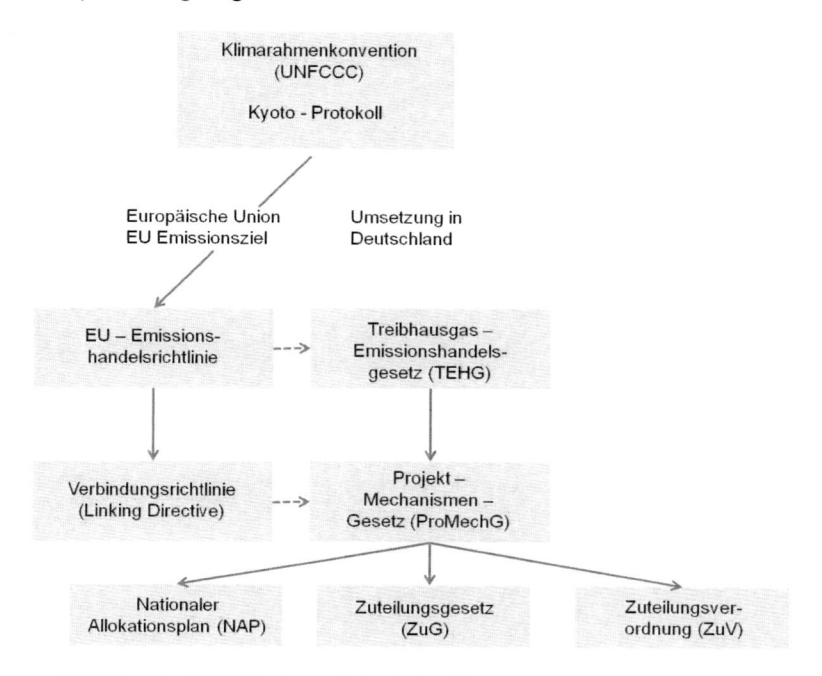

Abbildung 4: Europäische und deutsche Umsetzung des Kyoto-Protokolls

Laut BMU nehmen derzeit 1665 deutsche Anlagenbetreiber am Emissionshandel teil. Hierbei handelt es sich um alle großen Feuerungsanlagen mit mehr als 20 MW Feuerungswärmeleistung und größere Anlagen der energieintensiven Industrie, wie Stahlwerke, Raffinerien und Zementwerke. In der Handelsperiode von 2008 bis 2012 mussten diese Anlagen ihre Emissionsmengen um 57 Millionen Tonnen senken. Seit 2012 wird auch der Flugverkehr in den Emissionshandel einbezogen (BMU, 2010c).

Die projektbasierten Mechanismen und Klimaschutzprojekte

Die projektbasierten Mechanismen, JI und CDM, dienen der Kooperation von Staaten bezüglich der Maßnahmenergreifung gegen die Klimaerwärmung. Die Kooperation erfolgt jedoch auf konkreter Projektebene (Klimaschutzprojekte) mit Beteiligung privater Körperschaften (BMU, 2010d). Ein Klimaschutzprojekt basiert auf der Idee, dass Projektentwickler bei den jeweils zuständigen Stellen Projekte anmelden, welche Emissionen verringern oder der Atmosphäre Kohlenstoff entziehen und in Biomasse speichern (Senkenprojekte).

Ein Klimaschutzprojekt durchläuft einen definierten Zyklus. Dem Projektentwickler werden Emissionszertifikate zugesprochen, welche der Emissionsminderung des Projektes entsprechen (BMU, 2010d). Der Ablauf eines Klimaschutzprojektes kann im Allgemeinen in sechs Arbeitsschritte unterteilt werden:

Zu Beginn steht eine Projektidee. Hierbei müssen die Projektpartner die genauen Projektaktivitäten erörtern und festsetzen. Schritt 2 beinhaltet das Erstellen der Projektdokumentation, PDD (Project Design Document), auf deren Basis die Zulassung des Projektes durch das UNFCCC erfolgt. Dieses Dokument ist in Form und Inhalt verbindlich vorgegeben. Es beinhaltet eine genaue Beschreibung der Projektaktivität. Im Rahmen des PDD erfolgt zudem die Erstellung eines Referenzszenarios. Es beschreibt den Fall des Vorgehens und der Wirtschaftsweise am potenziellen Projektstandort ohne die Beteiligung eines Klimaschutzprojektes, dies ist der Referenzfall. Dieser enthält die regional marktgängige Technologie, zukünftige Pläne, sonstige Programme und eine Emissionsabschätzung. Diese Emissionsabschätzung des Referenzfalls wird als Baseline bezeichnet. Ihr werden die prognostizierten Treibhausgasemissionen im Fall der Durchführung des Klimaschutzprojektes gegenübergestellt.

Der nächste Schritt ist die Prüfung und Genehmigung des PDD durch die jeweils zuständige Behörde. Projekte können anerkannt, zur Überarbeitung zurückgestellt oder abgewiesen werden. Klimaschutzprojekte werden im Allgemeinen anerkannt soweit sie das Kriterium der Zusätzlichkeit, erfüllen. Dieses bezieht sich auf die zusätzliche Emissionsmengenreduktion, die durch die Durchführung eines JI- oder CDM-Projektes entsteht. Das PDD legt fest, welche signifikanten Emissionen direkt auf das Projekt bzw. die Aktivität zurückzuführen sind (project boundary). Zusätzlich werden verlagerte Auswirkungen (leakage) durch das Projekt (bspw. Rodungen durch Produktionsverlagerung) aufgeführt.

Es folgt die Projektdurchführung gemäß dem PDD. Elementare Bedeutung hat die lückenlose Dokumentation des Projektes und seiner Emissionen. Zum Ende des Verpflichtungszeitraums erfolgt die Prüfung des PDD und der Dokumentation durch das zuständige Zertifizierungsunternehmen. Hierbei werden die tatsächlichen Emissionen der im PDD aufgeführten Baseline gegenübergestellt. Bei korrekter Durchführung stellt das Zertifizierungsunternehmen im letzten Schritt die entsprechende Menge an Emissionszertifikaten aus (BMU, 2010d).

JI - Joint Implementation

JI gehört zu den projektbasierten Mechanismen des Kyoto-Protokolls. Die Grundlage für JI-Projekte bildet Artikel 6 des Kyoto-Protokolls. An Joint Implementation dürfen grundsätzlich nur die in Anhang B des Kyoto-Protokolls aufgeführten Staaten teilnehmen. Der JI-Aufsichtsausschuss, JI Supervisory Commitee (JISC), wurde zur Organisation und Ausführung des Mechanismus auf der CMP 1 eingerichtet. Das Genehmigungsverfahren startete im Oktober 2006.

Zur Durchführung von JI-Projekten ist (a) die Ratifikation des Kyoto-Protokolls durch das Gastland unumgänglich. Desweiteren müssen (b) Berechnungen der Ausstattung mit zugeteilten Emissionsrechten vorliegen. Zur Teilnahme ist (c) die Etablierung eines nationalen Systems zur Abschätzung der emittierten Treibhausgase und (d) eines nationalen Treibhausgasregisters vorzulegen. Desweiteren muss jährlich (e) ein Treibhausgasinventar sowie (f) zusätzliche Informationen über die Ausstattung mit zugeteilten Emissionsrechten vorgelegt werden (BMU, 2010d).

Werden die Kriterien a), b) und d) erfüllt, darf ein Staat als Gastland für JI-Projekte fungieren. Erfüllt ein Staat alle Kriterien, berechtigt ihn dies zur Verifizierung von Treibhausgasreduktionen und zur Ausstellung von ERU. Diese Vorgehensweise wird als „Track 1" bezeichnet und ist die Regel. Werden nur a), b) und d) erfüllt („Track 2") greift ein internationales Verfahren unter der Leitung des JISC.

Generell ist die folgende Vorgehensweise üblich:

Der Projektentwickler legt das PDD einem von JISC akkreditierten Zertifizierungsunternehmen (IE) vor. Nach einer ersten Prüfung wird dieses Dokument veröffentlicht, um die Möglichkeit für Kommentare und Einwände zu geben. Fällt das Ergebnis positiv aus, wird eine begründete Entscheidung veröffentlicht. Auf Grundlage derer prüfen die nationalen Behörden des Investor- und Gastlandes (DFP) die Einhaltung der jeweilig nationalen JI-Richtlinien. Nach erfolgreicher Prüfung erfolgt die Ausstellung der nationalen Genehmigungen, wobei das Gastland die Möglichkeit hat diese bis zur Ausstellung der ERU nachzureichen. In Deutschland ist die Deutsche Emissionshandelsstelle (DEHSt) für die Genehmigung zuständig. Nach Einreichen der vollständigen Unterlagen beim JISC erfolgt dort die Prüfung. Hierbei kann ein Projekt genehmigt, abgewiesen oder seine Überarbeitung verlangt werden. Bei einem positiven Ergebnis ist während der gesamten Projektlaufzeit eine Dokumentation gemäß dem Monitoringplan durchzuführen. Unter Öffentlichkeitsbeteiligung erfolgt mit Ende des Abrechnungszeitraums eine Ermittlung der erzielten Emissionsreduktionen durch das IE, welche an das JISC weitergeleitet werden. Fällt dessen Prüfung wiederum positiv aus, wird der Transfer entsprechender ERU angewiesen.

Staaten, welche die Bedingungen a) bis f) vollständig erfüllen können zwischen Track 1 und 2 wählen, um den Aufbau eines eigenständigen Prüfverfahrens zu umgehen. JI-Projekte können als Klein- und Großprojekte klassifiziert werden. Das zuvor beschriebene Verfahren gilt für Großprojekte. JI-spezifische Transaktionskosten sind umso leichter zu tragen, je größer das Projekt ist, da sie weitestgehend unabhängig von der Projektgröße sind. JI-Projekte, wie erneuerbare Energieprojekte mit einer Kapazität von 15 MW oder Projekte, die eine jährliche Emissionsreduktion von 60.000 Mg CO_2-Äqu. nicht überschreiten, fallen unter

Kleinprojekte. Für diese wurden Vereinfachungen im üblichen Verfahren vorgenommen. Dies sind Vereinfachungen bezüglich der Gestaltung des PDD, die Möglichkeit Projektaktivitäten zu bündeln sowie die teilweise Gebührenbefreiung (BMU, 2010d).

2.4 Klimapolitik nach dem Kyoto-Protokoll

Die nächste COP (18) wird im Mai 2012 in Bonn stattfinden. Diese ist von großer Bedeutung, denn bisher konnte kein verbindliches Dokument erarbeitet werden, welches weitere Emissionsminderungen vorsieht. Dieser wichtige Schritt sollte noch dieses Jahr beschlossen werden, da der Verpflichtungszeitraum des Kyoto-Protokolls Ende 2012 ausläuft. Das zu erarbeitende Dokument sollte die bereits getroffenen Erkenntnisse und Vereinbarungen aufgreifen und daran anknüpfen.

Auf der COP 13 (Bali, Indonesien) wurde im Dezember 2007 der **Bali Action Plan** beschlossen. Im Wesentlichen sieht dieser Plan vor für die zweite Verpflichtungsperiode nach 2012 konkrete Emissionsminderungsziele fest zusetzen und geeignete Maßnahmen zur Anpassung und Eindämmung des Klimawandels durch Technologie und Finanzierung zu definieren. Die Verhandlungen hierzu sollten bis zur COP 15 in Kopenhagen im Dezember 2009 abgeschlossen werden. Mit dem Bali Action Plan kam man überein, den Klimawandel deutlich intensiver zu bekämpfen als bisher. Hierbei stützte man sich auf die Ergebnisse des 2007 erschienen 4. Fortschrittsberichts des IPCC. Erstmals erklärten auch Entwicklungs- und Schwellenländer sich bereit, messbare, berichtspflichtige und überprüfbare Emissionsreduktionen zu ergreifen. Diese werden durch Technologie-transfer, Finanzierung und Kooperationsförderung bestärkt (BMU, 2011b). Wie schon in der Entwicklung des Kyoto-Protokolls wurde eine Ad-Hoc Working Group eingesetzt, welche die konkreten Beschlüsse neben den regulären Treffen voranbringen sollte (UNFCCC, 2007, Decision 1 / CP. 13).

Auf der COP 14 von Posen/Polen im Dezember 2008 wurde beschlossen, dass bis Februar 2009 alle Vertragsstaaten ihre Minderungsziele bis 2020 benennen würden (UNFCCC, 2009b, Decision 2 / CP.14, Art. 3). Daneben wurde der schon im Bali Action Plan entworfenen Anpassungsfond für Entwicklungs- / und Schwellenländer konkret beschlossen (UNFCCC, 2009b, Decision 4 / CP. 14, Art. 3).

Auf der COP 15 in Kopenhagen, Dänemark, im Dezember 2009 hätten die Verhandlungen über ein verbindliches Dokument (siehe COP 13) abgeschlossen werden sollen. Dieses Ziel konnte nicht erreicht werden. Als Ergebnis wurde der Copenhagen Accord präsentiert, welcher als Grundlage für den weiteren Verhandlungsprozess dient, aber keine verbindlichen Abkommen enthält. Nochmals wurden die Vertragsstaaten angehalten, bis Januar 2010 konkrete und verbindliche Angaben zu ihren jeweiligen Emissionsreduktionszielen vorzulegen (BMU, 2010a).

Das **Cancun Agreement** wurde während den Verhandlungen in Cancun 2010 in Mexiko beschlossen. Es enthält keine konkreten Emissionsminderungsziele für einzelne Staaten. Jedoch wurde von allen Vertragsstaaten anerkannt, dass den Empfehlungen des IPCC von 2007 gefolgt werden müsse. Demnach sollen die Treibhausgasemissionen weltweit bis 2020 um 25 % bis 40 % gegenüber 1990 gesenkt werden, um die Klimaerwärmung bis 2050 auf 2 °C zu begrenzen (UNFCCC, 2011, Decision 1 / CP. 16, Art. 4 und 5).

Die im Copenhagen Accord genannten Reduktionsziele für einzelne Staaten wurden in das Cancun Agreement aufgenommen und wurden somit erstmals Gegenstand eines Vertrages der Vereinten Nationen. Hierbei ist zu betonen, dass das Cancun Agreement von den Vertragsstaaten angenommen, also unterzeichnet wurde. Getroffene Vereinbarungen werden jedoch erst mit einer Ratifizierung desselben verbindlich. Das Dokument betont die Bedeutung von Wäldern als natürliche Senken und rät zu deren Schutz (UNFCCC, 2011, Decision 1 / CP. 16, Art. 6). Waldreiche Nationen können ihre Treibhausgasemissionen gegen den in natürlichen Senken gehaltenen Kohlenstoff rechnen.

Das **Paket von Durban** (BMU, 2011c), Dezember 2011, stellt die aktuellste Version eines neuen internationalen Klimaschutzabkommens dar. Dieses für alle Vertragsstaaten verbindliche Abkommen soll bis spätesten 2015 verabschiedet werden. Das Kyoto-Protokoll wird für eine weitere Verpflichtungsperiode weitergeführt, weitere Entscheidungen hierzu sollen bis Ende 2012 geklärt werden.

Zentrale Inhalte stellen hierbei die umfassenden Umsetzungsentscheidungen zur Einrichtung eines Grünen Klimafonds, eines Komitees zur Klimaanpassung sowie eines internationalen Netzwerks für Technologiekooperation dar.

3 Grundlagen des Clean Development Mechanism

Der Mechanismus für umweltverträgliche Entwicklung verfolgt zwei Ziele: Durch projektbezogene Investitionen in Schwellen- und Entwicklungsländer sollen Industrienationen die nötigen Emissionszertifikate erhalten, die zur Erfüllung ihrer Reduktionsverpflichtungen notwendig sind. Diese Projekte haben die Intention den regionalen Umwelt- und Klimaschutz durch eine nachhaltige Entwicklung zu fördern (UBA, 2005). Somit stellt der CDM für Schwellen- und Entwicklungsländer eine Möglichkeit dar, trotz ihrer oftmals angespannten finanziellen Lage und unzureichend qualifizierten Fachkräften, ihren Klimaschutzbestrebungen nachzukommen. Abbildung 5 veranschau-licht das Grundprinzip des CDM (eigene Darstellung in Anlehnung an BMU, 2010d):

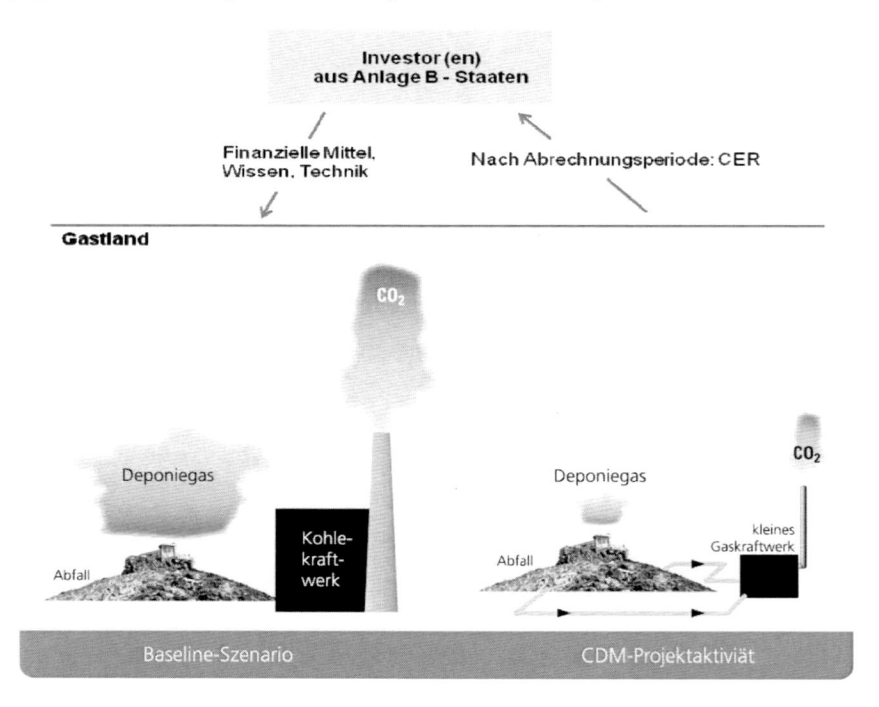

Abbildung 5: Beispiel zum Prinzip eines typischen CDM-Projektes

Dieses Kapitel stellt das Prinzip des CDM, den Begriff der nachhaltigen Entwicklung und des technologischen Transfers dar. Es wird auf den Projektzyklus des CDM eingegangen sowie eine Übersicht zu den möglichen Sektoren für Projekte und anwendbaren Methoden zur Emissionsreduktion gegeben.

3.1 Nachhaltige Entwicklung und Technologietransfer

Der Begriff der umweltverträglichen Entwicklung kann als Teilaspekt einer nachhaltigen Entwicklung verstanden werden. Umweltverträglichkeit bedeutet ein Handeln, welches keinen Schaden an Boden, Luft, Wasser, Mensch, Flora und Fauna bewirkt. Es gilt die bestehende Umwelt zu erhalten. Nachhaltige Entwicklung verfügt über drei Dimensionen:

Ökologie, Ökonomie und Soziales (Kleine, 2009). Das BMU (2010e) definiert nachhaltige Entwicklung wie folgt:

„Unter Nachhaltigkeit verstehen wir ein Gesamtkonzept, das eine Entwicklung zum Ziel hat, die ökologisch verträglich, sozial gerecht und wirtschaftlich leistungsfähig ist. Dadurch, dass uns die Umweltressourcen nur begrenzt zur Verfügung stehen - wir also nur über die eine Erde verfügen - ist die Umwelt im Nachhaltigkeitskonzept der limitierende Faktor."

Nachhaltige Entwicklung steht für zukunftsorientiertes Handeln auf regionaler, nationaler und globaler Ebene. Dies impliziert die Förderung von Bildung oder Gesundheit (Soziale Aspekte), die Erhaltung und der Schutz der Umwelt (Ökologie), die Stärkung der Wirtschaft durch Schaffung von Arbeitsplätzen oder Nutzbarmachung von (alternativen) Ressourcen (Ökonomie).

Analog zu diesen drei Säulen kann auch von ökonomischem, natürlichem(sozialen) und ökologischem Kapital gesprochen werden. Durch diese Formulierung kann das Verständnis der drei Dimensionen erleichtert werden. Kleine (2009) gibt hierzu folgende Übersicht:

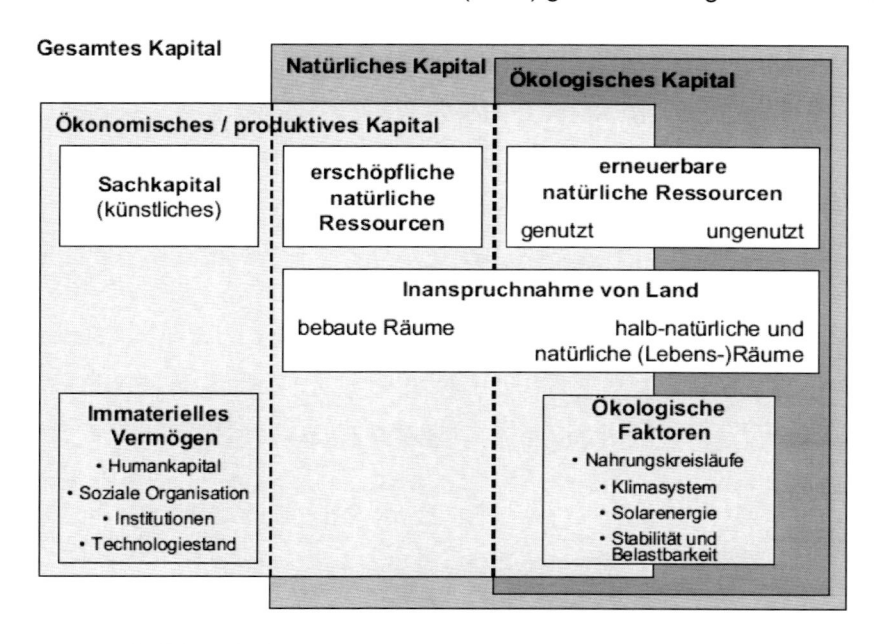

Gesamtes Kapital			
Ökonomisches / produktives Kapital	**Natürliches Kapital**	**Ökologisches Kapital**	
Sachkapital (künstliches)	erschöpfliche natürliche Ressourcen	erneuerbare natürliche Ressourcen	
		genutzt	ungenutzt
	Inanspruchnahme von Land		
	bebaute Räume	halb-natürliche und natürliche (Lebens-)Räume	
Immaterielles Vermögen • Humankapital • Soziale Organisation • Institutionen • Technologiestand		Ökologische Faktoren • Nahrungskreisläufe • Klimasystem • Solarenergie • Stabilität und Belastbarkeit	

Abbildung 6: Die drei Dimensionen der nachhaltigen Entwicklung

Das ökologische Kapital umschreibt das Zusammenspiel aller Ökosysteme, erneuerbare Ressourcen, Land und alle ökologischen Faktoren (Kleine, 2009). Kleine führt Faktoren wie Wasser und Luft nicht explizit auf, jedoch werden sie in dieser Arbeit, gleichwertig zur Ressource Boden, zum ökologischen Kapital gezählt. Ökonomisches Kapital lässt sich in Wissen, Sach- und Humankapital untergliedern (Kleine, 2009). Natürliches oder Sozialkapital impliziert *„...die Funktionen, aufgrund derer die Grundbedürfnisse befriedigt, die* *gesellschaftliche Integration gefördert und die Weiterentwicklung der Gesellschaft ermöglich wird."* (Kleine, 2009).

Die drei Dimensionen sind nicht klar voneinander abgrenzbar. Limitierte natürliche Ressourcen, wie Wasser oder Land begrenzen oft soziales und wirtschaftliches Wachstum. Fachkräftemangel gefährdet nicht nur in Deutschland das Wirtschaftswachstum, so dass Bildung unumgänglich ist (Sozialkapital). Materielles Vermögen, vor allem in Form von Geldwerten, stellt einen elementaren limitierenden Faktor dar. Mangelndes Vermögen verhindert Investitionen in soziales und ökologisches Kapital. Der Kreislauf ist offensichtlich.

Nationaler, wie auch internationaler Klimaschutz ist nur dann langfristig erfolgreich, wenn er mit einer nachhaltigen und damit umweltverträglichen Entwicklung kombiniert wird. Die UNFCCC hat dies erkannt und ermöglicht durch das Kyoto-Protokoll sowie den Mechanismus für umweltverträgliche Entwicklung einen entscheidenden Beitrag zur nachhaltigen Entwicklung und dem Transfer von Finanz- und Humankapital in Schwellen- und Entwicklungsländer zu leisten. Der Technologietransfer impliziert indirekte Geldmittel, Wissen und Technologie.

Die Mehrzahl der Schwellenländer verfügt über enorme Bevölkerungswachstumszahlen und befindet sich im wirtschaftlichen Aufschwung. Wie in Kapitel 2.1 aufgezeigt wurde, weisen gerade diese Länder starke Treibhausgasemissionswachstumsraten auf. Veraltete Technologie und unzureichende finanzielle Mittel führen in Kombination mit dem Bevölkerungs- und Wirtschaftswachstum zu noch höheren Emissionsmengen. Im Gegensatz zu industrialisierten Staaten wie Deutschland verfügen Entwicklungs- und Schwellenländer nicht über ausreichend nationale Programme zur nachhaltigen Entwicklung des Landes. Während in Deutschland viele Unternehmen den Begriff der nachhaltigen Entwicklung zumindest in ihre Unternehmensphilosophie aufgenommen haben und die Bundesregierung einen „Rat für Nachhaltige Entwicklung" ins Leben gerufen hat, haben Schwellen- und Entwicklungsländer die Bedeutung dieses Begriffes zwar erkannt, jedoch wird der Idee aus verschiedenen Gründen nicht weiter nachgegangen.

Der CDM soll hier einen Umschwung bewirken. Durch den Technologietransfer wird die nachhaltige Entwicklung des Landes gefördert, während die Treibhausgasemissionen im Interesse aller gesenkt werden. Da die drei Dimensionen der nachhaltigen Entwicklung eng miteinander verknüpft sind, wird durch einen erfolgreichen Technologietransfer nicht nur eine Reduktion der emittierten Treibhausgase erreicht, sondern oftmals auch die Schaffung neuer Arbeitsplätze oder auch die Erschließung neuer Wirtschaftszweige gestützt, Energie bereit gestellt oder für den Menschen gesundheitsgefährdende Emissionen gemindert.

Technologietransfer beschreibt die Nutzbarmachung von Wissen oder materieller Technologie für Dritte. Das IPCC (2000) definiert diesen Begriff wie folgt:

„… a broad set of processes covering the flows of know-how, experience and equipment for mitigating and adapting to climate change amongst different stakeholders such as governments, private sector entities, financial institutions, NGOs and research/education institutions".

Grundsätzlich kann davon ausgegangen werden, dass Unternehmen ihr Wissen nicht ohne weiteres weitergeben. Wie schon in Kapitel 2.1 aufgezeigt, werden Unternehmungen nur agieren, wenn der Nutzen des Transfers den Ist-Zustand übersteigt. Die potenziell generierbaren Emissionszertifikate bei Durchführung von CDM- Projekten bieten Anreiz für Investitionen der Unternehmungen in Schwellen- und Entwicklungsländer. Der technologische Transfer an sich und in seiner Art ist nicht durch das Kyoto-Protokoll definiert. Er kann beispielsweise in Form von neuartigen Kompostierungsanlagen erfolgen oder in Form von Mitarbeiterschulungen oder Fachkräfteausbildungen, welche notwendig sind, die Projektaktivitäten fachgerecht fortzuführen.

Die UNFCCC hat mit dem CDM einen Weg gefunden, die Bemühungen im Klimaschutz auf Schwellen- und Entwicklungsländer auszuweiten. Die Förderung einer regionalen und globalen nachhaltigen Entwicklung im Sinne des Klimaschutzes durch den Transfer von Technologie in Schwellen- und Entwicklungsländer stellt einen elementaren Baustein der internationalen Klimapolitik dar.

Das Kyoto-Protokoll fordert explizit, dass Projekte des CDM die nachhaltige Entwicklung des Gastlandes fördern müssen. Eine internationale und allgemeingültige Definition dieses Begriffes gibt die UNFCCC nicht, jedes Gastland überprüft den Nachhaltigkeitsbeitrag eines potenziellen Projektes nach seinem eigenen Begriffs-verständnis. Dieses Vorgehen ist umstritten. Der Marktmechanismus des CDM fördert Investitionen in Staaten, deren Anspruch an nachhaltige Entwicklung unter dem Niveau anderer liegt. Potenzielle Gaststaaten würden dazu gedrängt miteinander um CDM-Projekte zu konkurrieren indem sie ihren Anspruch an Nachhaltigkeit minimieren (Michaelowa, 2003).

3.2 Institutionen und zentrale Begriffe des CDM

Im Folgenden sollen die Funktionen wichtiger Institutionen des CDM dargestellt werden. Daneben wird auf grundlegende Konzepte des CDM neben der im vorangegangenen Kapitel erläuterten nachhaltigen Entwicklung eingegangen. Die Begriffsdefinitionen entstammen einem Dokument des UBA (2009).

3.2.1 Institutionen des CDM

Die **CMP** ist das höchste, für den CDM zuständige Gremium des Kyoto-Protokolls. Die Vertragsparteien tagen jährlich und erörtern die weitere Entwicklung des Kyoto-Protokolls.

Der **CDM-Exekutivrat** (EB) überwacht die tatsächliche Durchführung des CDM. Der Aufgabenbereich umfasst die Genehmigung neuer Methoden für Baselines und Monitoring sowie die Genehmigung und Registrierung von CDM-Projekten. Daneben gehören die Ausgabe von CER, die Überwachung des CDM-Registers, die Akkreditierung der DOEs und die Abgabe von Empfehlungen an die CMP bezüglich des CDM zu dem Ressort. Er tagt etwa alle zwei bis drei Monate.

Arbeitsgruppen unterstützen das EB. Hierzu zählen das Methodologies Panel (Meth Panel), die Small Scale Working Group (SSC WG), die Afforestation & Reforestation Working Group (ARWG), das Registration & Issuance Team (RIT) sowie das CDM-Accreditation Panel (CDM-AP). Das EB kann jederzeit neue Arbeitsgruppen und Panels einrichten.

Die **Designated National Authority** (DNA) ist die zuständige nationale Behörde für den CDM in jedem Vertragsstaat. Die deutsche DNA ist die DEHSt, welche dem BMU untersteht. Sie muss der Durchführung von Projekten im Staat zustimmen.

Die **Designated Operational Entity** (DOE) überprüft als unabhängige Behörde CDM-Projekte hinsichtlich ihrer Eignung für eine Registrierung. Desweiteren kontrollieren die DOE die angegebenen Emissionsreduktionen registrierter Projekte und fordern die Ausgabe der entsprechenden CER beim EB.

Die **Zulässigkeit von Projekten** fordert die Minderung mindestens eines Treibhausgases aus Anhang A des Kyoto-Protokolls. Die Projekte müssen das Kriterium der Zusätzlichkeit erfüllen und die nachhaltige Entwicklung des Gastgeberlandes fördern. Nukleare Projekte sind nicht erlaubt. Das Kyoto-Protokoll gibt 15 Sektoren vor, in denen Projekte durchgeführt werden können.

3.2.2 Elementare Konzepte des CDM

Die Ausgabemenge an Zertifikaten entspricht der Treibhausgasreduktionsmenge im Kontrast zur **Baseline**, dem Referenzszenario. Die Baseline stellt eine hypothetische Emissionsmenge dar, welche vorgelegen hätte, wäre das CDM-Projekt nicht durchgeführt worden. Wird das Kriterium der Zusätzlichkeit durch ein potenzielles CDM-Projekt nicht erfüllt, wird es nicht zugelassen. Ein Projekt erfüllt dieses Kriterium, sobald die Emissionen bei Projektdurchführung unter das Niveau fallen, welches ohne die Projektaktivitäten vorgelegen hätte.

Abbildung 7 verdeutlicht das Prinzip (UBA, 2005).

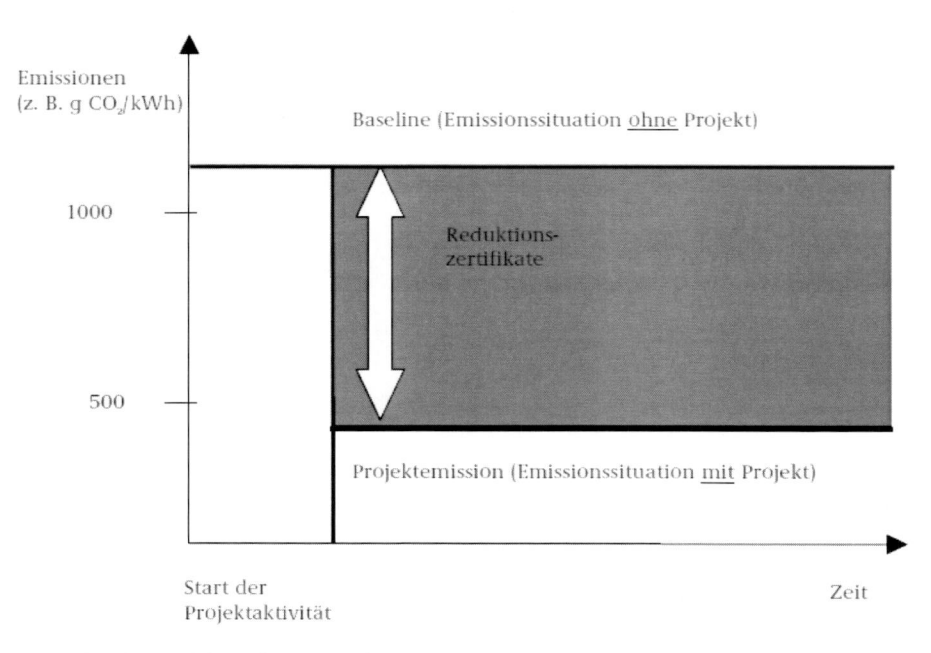

Abbildung 7: Baseline und Referenzszenario der projektbasierten Mechanismen

Würde dieses Kriterium nicht gelten, würde das elementare Ziel des Kyoto-Protokolls, die Treibhausgasemissionen zu mindern, verfehlt. Zur Prüfung und zum Beweis der **Zusätzlichkeit** sieht das EB vor, dass innerhalb des PDD zunächst Alternativen zur Projektdurchführung vorgelegt werden müssen. Hierzu gehören Investitionsanalysen sowie eine Analyse möglicher Hindernisse und der gegenwärtigen Praxis.

Die DNA des Gastgeberlandes hat bei Vorlage eines PDD zur prüfen, ob die nationale/regionale nachhaltige Entwicklung des Landes bei Durchführung gefördert wird. Die Definition dieses Begriffes wird von den jeweiligen DNA selbst formuliert. Ein Projekt muss das **Kriterium der nachhaltigen Entwicklung** des Gastgeberlandes zwingend erfüllen.

Ein Projekt kann zwischen zwei Anrechnungszeiträumen (Crediting Period) mit und ohne Verlängerungsoption wählen. Entweder beläuft sich die Projektdauer auf maximal 7 Jahre mit zweimaliger Verlängerungsoption, oder auf maximal 10 Jahre ohne Verlängerungsoption. Für Aufforstungs- und Wiederaufforstungsprojekte sind gesonderte, längere Zeiträume angesetzt (20 bis 60 Jahre).

Es besteht die Möglichkeit ein Projekt als Kleinprojekt zu klassifizieren. Dieses zeichnet sich durch einen vereinfachten Projektablauf sowie reduzierte Gebühren und Abgaben aus. Kleinprojekte müssen einem durch die CMP definierten Projekttypen entsprechen:

Typ I: Erneuerbare-Energie-Projektaktivitäten mit einer maximalen Kapazität von 15 MW oder entsprechendem Äquivalent,

Typ II: Energieeffizienz-Projekte, die den Energieverbrauch auf Erzeuger- und/oder Verbraucherseite reduzieren, mit einer maximalen Kapazität von 60 GWh pro Jahr oder entsprechendem Äquivalent,

Typ III: Andere Projektaktivitäten, welche zu einer Treibausgasminderung bis zu 60 kt CO_2-Äqu. führen.

Für Kleinprojekte besteht die Möglichkeit der Bündelung (bundling) mehrerer Projekte, welche als ein einziges CDM-Projekt registriert werden können.

3.3 Projektzyklus des Clean Development Mechanism

Der Ablauf eines CDM-Projektes baut auf dem in Kapitel 2.3 erwähnten allgemeinen Verlauf der projektbezogenen Mechanismen auf.

Abbildung 8 gibt den detaillierten Ablauf eines CDM-Projektes wieder (in Anlehnung an BMU, 2010d).

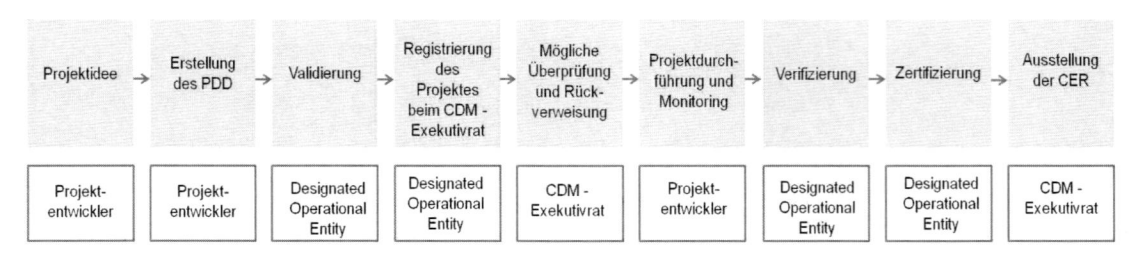

Projektidee →	Erstellung des PDD →	Validierung →	Registrierung des Projektes beim CDM - Exekutivrat →	Mögliche Überprüfung und Rückverweisung →	Projektdurchführung und Monitoring →	Verifizierung →	Zertifizierung →	Ausstellung der CER
Projektentwickler	Projektentwickler	Designated Operational Entity	Designated Operational Entity	CDM - Exekutivrat	Projektentwickler	Designated Operational Entity	Designated Operational Entity	CDM - Exekutivrat

Abbildung 8: Der Projektzyklus des CDM

Zu Beginn steht eine Projektidee eines oder mehrerer Projektentwickler. Meist folgt die Durchführung einer Machbarkeitsstudie, um die Umsetzbarkeit sowie die Chancen einer Registrierung abzuschätzen. Bei positivem Ergebnis wird eine Projektskizze (PIN) erstellt, welche alle relevanten Punkte wie Projektinformationen, Emissionsreduktionen und Angaben zur Zusätzlichkeit enthält, jedoch kein verbindliches Dokument darstellt. Die PIN wird häufig genutzt um die DNA der Staaten von der Projektidee zu überzeugen und ein Befürwortungsschreiben (LoE) zu erhalten. Auf den Entwurf der PIN folgt die Ausarbeitung der Projektdokumentation, PDD. Dieses Dokument ist in seiner Form vorgegeben und umfasst die folgenden Abschnitte:

A. Allgemeine Projektbeschreibung

B. Anwendung der Baseline - und Monitoring-Methodologie

C. Dauer der Projektaktivität und der Anrechnungszeitraum

D. Umweltauswirkungen

E. Kommentare von Betroffenen vor Ort

Anlage 1: Kontaktinformationen aller Projektbeteiligten

Anlage 2: Angaben über öffentliche Fördermittel

Anlage 3: Baseline-Informationen

Anlage 4: Monitoring Plan

Das PDD ist das wichtigste Dokument für die Validierung, Registrierung und Verifizierung eines CDM-Projektes. Das Kyoto-Protokoll fordert die Klassifizierung von CDM-Projekten in vorgegebene (Industrie-) Sektoren. Es folgt eine Unterscheidung zwischen Groß- und Kleinprojekt. Kleinprojekte können ein vereinfachtes Verfahren durchlaufen. Nach Wahl der Projektgröße muss eine Methode bezüglich der Minderungsform gewählt werden. Hierbei handelt es sich um vorformulierte Beschreibungen zum Vorgehen bei Aktivitäten zur Emissionsminderung.

Die Validierung bezeichnet den Prozess der unabhängigen Evaluierung eines Projektes durch eine von dem Projektentwickler frei wählbaren DOE. Die Prüfung erfolgt aufgrund der Anforderungen an den CDM auf Basis des PDD. Enthält das Dokument alle nötigen Angaben und erfüllt die Anforderungen des CDM, platziert die DOE es mit dem Vermerk Validation in der Projektdatenbank der UNFCCC, um eine Beteiligung der Öffentlichkeit zu ermöglichen. Nach einer Frist werden Anmerkungen durch die DOE geprüft. Daraufhin kann die DOE das Projekt entweder zur Registrierung einreichen oder ablehnen. Ein abgelehntes Projekt kann nach Korrektur erneut einer DOE vorgelegt werden. Voraussetzung für eine Registrierung ist die Zustimmung der jeweiligen DNA des Gastgeberstaates sowie des Investorlandes. Die DNA des Gastgeberlandes muss bestätigen, dass die Teilnahme freiwillig ist und die nationalen Nachhaltigkeitskriterien erfüllt werden. Die Zustimmung der DNA des Investorlandes ist spätestens bei der Ausgabe erwirtschafteter CER notwendig.

Nach erfolgreicher Validierung werden alle Dokumente dem EB zur Registrierung des Projektes übermittelt. Hierbei fällt eine Registrierungsgebühr an, welche später bei Ausstellung der CER mit der Verwaltungsgebühr des EB verrechnet wird. Das EB führt erneut eine Prüfung durch, fällt diese positiv aus, wird das Projekt registriert. Die konkreten Projektaktivitäten können nun beginnen.

Die Projektdurchführung muss streng nach dem im Dokument geplanten Ablauf erfolgen. Eine genaue Dokumentation aller Aktivitäten ist dringend notwendig. Alle erzielten Emissionsreduktionen im Rahmen der Projektaktivitäten müssen quantitativ genauestens erfasst werden. Das Monitoring ist elementar für die spätere Ausgabe der CER.

Nach dem im PDD festgesetzten Verifizierungszeitraum reichen die Projektentwickler das Dokument bei einer DOE ein. Hierbei darf es sich nicht um die DOE handeln, welche für die Validierung des Projektes zuständig war. Eine Ausnahme stellen Kleinprojekte dar. In der Verifizierung werden die im Monitoringplan angegebenen Daten zur Emissionsreduktion überprüft. Diese Prüfung kann auch vor Ort durch eigene Messungen der DOE erfolgen. Die Zertifizierung der DOE auf Basis des Verifizierungsberichtes versichert schriftlich, dass das Projekt die zu verifizierenden Emissionsreduktionen durchgeführt wurden.

Zur Ausstellung der CER reicht die DOE den Zertifizierungsbericht beim EB ein und stellt einen Antrag auf die Ausstellung der Zertifikate. Wenn keine Einwände durch das EB vorliegen, werden die Zertifikate ausgestellt. Hierbei sind Abgaben für den Verwaltungsaufwand des EB zu leisten, welche von den Emissionsreduktionen im Abrechnungszeitraum abhängig sind (0,10 US-$ je CER, für die ersten 15.000 Mg CO_2-Äqu. / Jahr und 0,20 US-$ je CER für die Menge über 15.000 Mg CO2-Äqu. / Jahr). Zudem wird ein Teil der Erlöse für die Finanzierung des Anpassungsfonds der UNFCCC verwendet. Die Verteilung der CER obliegt den Projektteilnehmern (UBA, 2009).

Für Kleinprojekte existieren vereinfachte Modalitäten und Verfahren. Hierzu zählen ein vereinfachtes PDD, vereinfachte Methoden für die Baseline-Ermittlung und das Monitoring und reduzierte Bestimmungen für die Umweltverträglichkeitsanalyse. Zudem kann dieselbe DOE die Validierung und Verifizierung / Zertifizierung durchführen.

3.4 Sektoren und Methoden des CDM mit Fokus auf die Abfallwirtschaft

Die UNFCCC hat (Industrie-) Sektoren, Anwendungsbereiche und Methoden vorgegeben, denen CDM-Projekte eindeutig zugeordnet werden müssen. Dies dient der Transparenz und der Vergleichbarkeit. Bei der Ausarbeitung des PDD für die Validierung haben Projektentwickler zu prüfen, in welchem/ n Sektor /en sich ihr Projekt platzieren lässt. Daneben müssen sie eine vom EB genehmigte Methodologie verwenden. Hierfür stellt die UNFCCC einen wachsenden Katalog von verwendbaren Methoden zur Verfügung, welche die Anwendungsvoraussetzungen und die Durchführung fest vorgeben. Diese Methoden können gewissen Projektarten, wie beispielsweise erneuerbare Energien oder Energieeffizienz, zugeordnet werden. Die UNFCCC hat einen Katalog zusammengestellt, der umfassend über die aktuell zur Verfügung stehenden Sektoren, Projektaktivitäten und Methoden informiert. Der komplexe Aufbau dieses Systems soll im Folgenden erläutert werden.

Sektoren und Projektaktivitäten des CDM

Das Kyoto-Protokoll gibt 15 (Industrie-) Sektoren (Sectoral scopes) vor, in denen Projekte des CDM durchgeführt werden können. Die UNFCCC teilt diese fest durchnummerierten Sektoren in Energiesektoren (1 - 3) und sonstige Sektoren (4 - 15) ein. Die Energiesektoren untergliedern sich in 1: Energieproduktion, 2: -bereitstellung und 3: -verbrauch. Diese drei Sektoren werden jeweils nach der Art der Emissionsminderung unterteilt: a) Ersatz von treibhausgasintensiven Material (mit nochmaliger Untergliederung nach a1) Erneuerbare

Energie und a2) Kohlenstoffarme Energie), b) Energieeffizienz und c) Kraftstoff / Rohstoff Umstellung. Die Energiesektoren können, soweit Methoden zur Emissionsminderung vorhanden sind, einer oder mehreren Projektkategorie/ n zugeordnet werden. Diese sind Energieproduktion und -bereitstellung, Energie für die Industrie, Energie / Kraftstoff für den Transport und Energie für Haushalte und Gebäude (UNFCCC, 2010).

Projektkategorie	Beschreibung	Beispiel
Erneuerbare Energie	Nutzung neuer Energien	Wasserkraftwerke, Windkraftanlagen, Biomassekraftwerke
Energieeffizienz	Alle Maßnahmen, welche die Energieeffizienz eines Systems verbessern, entweder durch verbesserte Produktion oder einen reduzierten Energieverbrauch	Installation effizienterer Dampfturbinen, Abdeckung einer Deponie und Nutzung der Gase.
Treibhausgasvernichtung	Meist Maßnahmen zur Erfassung oder Rückgewinnung von Treibhausgasen	Verbrennung von Methan (Biogas oder Deponiegas)
Vermeidung der Treibhausgasentstehung	Maßnahmen, welche die Ausbreitung von Treibhausgasen in die Atmosphäre verhindern	Reduktion von Düngemitteln, Vermeidung von anaeroben Biomasseabbau
Umstellung: Kraftstoff / Rohstoff	Ersatz des bisherigen Kraftstoffes durch einen klimaschonenderen Kraftstoff	Umstellung von Kohle auf Erdgas, Nutzung anderer Rohstoffe um Treibhausgase zu vermeiden
Treibhausgasminderung durch Senken	Alle Maßnahmen der Aufforstung und Wiederaufforstung	Anpflanzung neuer Bäume, Pflanzen
Ersatz von treibhausgasintensiven Produkten	Produkte, deren Herstellung sehr treibhausgasintensiv ist, sollen durch klimaschonendere Produkte ersetzt werden, dies impliziert oft eine Produktionsumstellung	Energieproduktion durch abgesaugtes Methan aus einer abgedeckten Abfalldeponie zur Weiter-gabe an Empfänger, die zuvor treibhausgasintensive Energie genutzt haben.
Kohlenstoffarme Energie	Alle Maßnahmen im Rahmen der neu implementierten Energieproduktion mit kohlenstoffarmen Rohstoffen wie Erdgas	Aufbau eines mit Erdgas betriebenen Kraftwerkes zur Energieproduktion

Tabelle 1: Projektaktivitäten des CDM

Die Sektoren 4 bis 15 sind 4: Verarbeitendes Gewerbe, 5: Chemische Industrie, 6: Baugewerbe, 7: Verkehrswesen, 8: Bergbau / Bergbauproduktion, 9: Metallerzeugung, 10: Flüchtige Emissionen aus Brennstoffen, 11: Flüchtige Emissionen aus der Erzeugung und dem Verbrauch von Halogenkohlenwasserstoffen und Schwefelhexalfluorid, 12: Verwendung von Lösungsmitteln, 13: Abfallwirtschaft, 14: Aufforstung und Wiederaufforstung und 15: Landwirtschaft. Diese sind nicht weiter untergliedert. Methoden dieser Sektoren können denen in Tabelle 1 aufgeführten Projektaktivitäten zugehörig sein (UNFCCC, 2010). Die Projektkategorie „Kohlenstoffarme Energie" steht nur den Sektoren 1 - 3 zur Verfügung. Nicht jede Projektkategorie ist für alle Sektoren sinnvoll nutzbar. Deutlich wird das in der Projektkategorie Treibhausgasminderung durch Senken, welche ausschließlich durch Sektor 14: Aufforstung und Wiederaufforstung genutzt wird, da die ihr zugehörigen Methoden nicht auf andere Sektoren anwendbar sind.

Methoden des CDM mit Blick auf Sektor 13: Abfallwirtschaft

Die Nutzung und Bereitstellung „sauberer", dementsprechend klimaneutraler Technologie stellt ein Kernelement der internationalen Klimapolitik dar. Im Rahmen des CDM stellt das EB einen Katalog mit anwendbaren Methoden und Technologien bereit. Der definierte Prozessablauf des CDM impliziert die Wahl einer oder mehrerer Methode/n.

Die UNFCCC stellt für die verschiedenen Projektkategorien einen wachsenden Katalog von Methodologien bereit. Sie differenziert Methoden nach Groß- und Kleinprojekten sowie Methoden zur Aufforstung und Wiederaufforstung. Zudem werden Methoden gekennzeichnet, welche das Potenzial besitzen, das Leben der Gesellschaft (im Dokument als Frauen und Kinder bezeichnet) direkt zu verbessern (UNFCCC, 2010). Eine Übersicht zu einer anerkannten Methode enthält Informationen zur Art der Treibhausgasminderung, zu typischen CDM-Projekten für diese Methode, zu den Voraussetzungen für ihre Anwendung und wichtigen Parametern während der Validierung und der Dokumentation. Sie gibt ein Baselineszenario vor sowie ein zugehöriges Projektszenario. Beide Begriffe wurden in Kapitel 3.2.2 erläutert.

Ein solches Projektblatt soll zum einen eine Unterstützung bei der technischen Planung eines Projektes darstellen und zum anderen die Vergleichbarkeit und Transparenz in der Anerkennung von Projekten bestärken.

Die verwendeten Methoden werden im PDD eines Projektes detailliert erklärt. Stellt die DOE, im Rahmen der Validierung fest, dass die für das Projekt verwendete Methodologie noch nicht durch das EB zugelassen wurde, wird sie diese unter Beifügung des PDD zur Überprüfung und Genehmigung an den Exekutivrat weiterleiten. Das EB prüft die eingereichten Unterlagen und kann neue Methoden anerkennen. Durch das EB anerkannte Methoden können auch von jedem anderen Projektentwickler genutzt werden (UBA, 2012).

Mit Fokus auf die Abfallwirtschaft, kann zunächst festgestellt werden, dass 18 anerkannte Methoden in diesem Sektor, 7 für Kleinprojekte (5 besitzen das Potenzial für einen direkten positiven Einfluss auf die Gesellschaft) und 11 für Großprojekte (davon sollen 4 das Potenzial eines positiven Einflusses auf die Gesellschaft haben) existieren. Wie die Tabelle in Anhang 10 verdeutlicht, verfügt der Sektor 13: Abfallwirtschaft über Methoden in den Projektkategorien Erneuerbare Energien, Energieeffizienz, Treibhausgas-vernichtung und Vermeidung der Treibhausgasentstehung.

Anders ausgedrückt, beschreiben die Methoden alternative Behandlungskonzepte wie Kompostierung, Verbrennung oder Vergärung. Daneben stellen sie Konzepte zur Deponie-

und Biogasnutzung sowie dem Umgang mit tierischen Abfällen vor. Zudem werden Methoden zur aeroben Behandlung von Sickerwasser und dem Umgang mit Methan dargestellt. Folgend gibt Tabelle 2 eine Auswahl an Methoden des Sektors 13 wieder (UNFCCC, 2010). Diese werden laufend durch das EB ergänzt. Die Methoden können durch sektorfremde Methoden ergänzt werden.

Methode	Umschreibung	Projekt-größe	Projektkategorie	Genutzt bspw. bei Verfahren der
AM0025	Avoided emissions from organic waste through alternative waste treatment processes	Groß	Erneuerbare Energien / Vermeidung der Treibhausgas-entstehung	Kompostierung
AMS-III.AJ	Recovery and recycling of materials from solid wastes	Klein	Energieeffizienz	Aerobe Sickerwasser-behandlung
AM0073	GHG emission reductions through multi-site manure collection and treatment in a central plant	Groß	Treibhausgasver-nichtung	Tierische Abfälle
ACM0001	Incineration of HFC 23 Waste streams	Groß	Treibhausgasver-nichtung	Deponiegas-nutzung
ACM0010	Consolidated baseline methodology for GHG emission reductions from manure management systems	Groß	Treibhausgasver-nichtung	Tierische Abfälle
ACM0014	Mitigation of greenhouse gas emissions from treatment of industrial wastewater	Groß	Treibhausgasver-nichtung	Biogasnutzung
AMS-III.G.	Plant oil production and use for energy generation in stationary applications	Groß	Treibhausgasver-nichtung	Deponiegasnutzung
AMS-III.H.	Biodiesel production and use for energy generation in stationary applications	Klein	Treibhausgasver-nichtung	Biogasnutzung
AMS-III.AF.	Avoidance of methane emissions through excavating and composting of partially decayed municipal waste	Groß	Treibhausgasver-nichtung	Kompostierung
AM0039	Methan emissions reduction from organic waste water and bioorganic solid waste using co-composting	Groß	Vermeidung der Treibhausgas-entstehung	Kompostierung
AM0080	Mitigation of greeehouse gases emissions with treatment of wastewater in aerobic wastewater treatment plants	Groß	Vermeidung der Treibhausgas-entstehung	Aerobe Sickerwasser-behandlung

AM0083	Avoidance of landfill gas emissions by in-situ aeration of landfills	Groß	Vermeidung der Treibhausgas-entstehung	Vergärung
AMS-III.F.	Avoidance of methan emissions through composting	Klein	Vermeidung der Treibhausgas-entstehung	Kompostierung
AMS-III.I	Avoidance of methane production in wastewater treatment through replacement of anaerobic systems by aerobic systems	Klein	Vermeidung der Treibhausgas-entstehung	Verbrennung
AMS-III.Y.	Methane avoidance through separation of solids from wastewater or maure treatment systems	Klein	Vermeidung der Treibhausgas-entstehung	Verbrennung
AMS-III.AO.	Methan revovery through controlled anaerobic digestion	Klein	Vermeidung der Treibhausgas-entstehung	Biogasnutzung

Tabelle 2: Darstellung und Umschreibung einer Auswahl von anwendbaren Methoden in CDM-Abfallwirtschaftsprojekten

4 Katalog zur Beurteilung der nachhaltigen Entwicklung von CDM-Projekten

Dieses Kapitel stellt einen Kriterienkatalog zur Beurteilung von CDM-Projekten hinsichtlich ihres Beitrages zur nachhaltigen Entwicklung des Gastlandes vor. Dieser impliziert die Kriterien des Goldstandards des WFF, geht auf den Qualitätskriterien für CDM-Projekte nach Sutter ein und orientiert sich an dem von Sterk und Langrock 2003 veröffentlichten Kriterienkatalog. In Kapitel 3.1 wurde die außerordentliche Bedeutung von nachhaltiger Entwicklung für Schwellen- und Entwicklungsländer betont. Im Rahmen des Clean Development Mechanism ist der Schlüssel hierfür der Technologietransfer.

Die Agenda 21 der UN forderte schon 1992 die Erarbeitung von Indikatoren für nachhaltige Entwicklung (UN, 1992). Bis heute existiert keine allgemeingültige Definition des Begriffes, daher gibt es auch unterschiedliche Ansichten zu möglichen Indikatoren. Brand zweifelt den Nutzen solcher Indikatoren allgemein an, da die Definition, was ökologisch, sozial oder ökonomisch nachhaltig ist, sehr individuell und abhängig von äußeren Faktoren sei (Brand, 1997). Dies mag seine Richtigkeit haben, jedoch ist es gerade für die Transparenz und Glaubwürdigkeit des CDM von größter Bedeutung eindeutige Indikatoren für nachhaltige Entwicklung zu definieren. So könnte von unabhängiger Seite beurteilt werden, inwiefern ein Projekt zur nachhaltigen Entwicklung des Gastlandes beiträgt. Eine verbindliche Definition der UNFCCC würde eine Änderung des Regelwerkes des Kyoto-Protokolls fordern, welches bisher die Bestimmung des Begriffs den jeweiligen Gastländern überlässt.

Unabhängige Autoren und Organisationen haben eigene Indikatoren entwickelt, welche sich an den Leitlinien und Zielen des Kyoto-Protokolls orientieren. Der Goldstandard wurde durch das WWF im Jahr 2003 eingeführt und gibt Investoren die Möglichkeit ihr Projekt vor Registrierung auf seine Umweltverträglichkeit und Förderungsmöglichkeiten zur nachhaltigen Entwicklung des Gastlandes zu prüfen. Zudem wird der Goldstandard auch zur Besserung des Images von Unternehmen angewandt. Der Goldstandard stellt Qualitätskriterien an die projektbasierten Mechanismen, welche die des Kyoto-Protokolls übersteigen. Es wurde erwartet, dass Käufer solcher Goldstandard-Zertifikate bereit seien für eine „höhere Qualität" des Klimaschutzes mehr zu zahlen als für übliche Zertifikate. Kriterien des Goldstandards dienen somit einer Vorabbewertung der Projektaktivitäten. Intention des Goldstandards war die Prüfung der Zusätzlichkeit sowie des Beitrages zu nachhaltigen Entwicklung (Langrock, Sterk, 2003). Hierfür stellt der WWF eine Matrix zur nachhaltigen Entwicklung, Leitlinien zur Beteiligung der Öffentlichkeit und Anforderungen zur Dokumentation vor (Ecofys et al., 2006). Sutter entwickelte ein Verfahren zur Bewertung von CDM-Projekten im Vorfeld der Realisierung, welches als Entscheidungsgrundlage für die Zustimmung durch die DNA fungieren sollte (Sutter, 2003). Beide Autoren stützen sich auf die in Kapitel 3.1 erläuterten drei Dimensionen der nachhaltigen Entwicklung. Genauso Rudolph, welcher ebenfalls Kriterien zur Beurteilung der Nachhaltigkeit von CDM-Projekten vor der Registrierung definierte (Rudolph, 2007).

Die hier vorgestellten Ansätze setzen somit alle vor der Registrierung eines Projektes an. Sie haben die Absicht, unzureichende Projekte herauszufiltern und deren Überarbeitung zu erzwingen. Auf diese Weise soll sichergestellt werden, dass zugelassene Projekte, die Ziele und Leitlinien des Kyoto-Protokolls auch in der Praxis umsetzen oder sogar übertreffen.

Der Kriterienkatalog dieser Arbeit kombiniert die vorgestellten Verfahrensweisen. Er hat jedoch die Intension ein Projekt nach Fertigstellung hinsichtlich seines Beitrages zur nachhaltigen Entwicklung des Gastlandes zu beurteilen. Die Ergebnisse könnten durch Fallstudien aufgearbeitet werden. So werden Problemfelder erkannt und Verbesserungen hinsichtlich der Vorgaben, der Durchführung und der Kontrolle erarbeitet. Aufgrund der langen Projektlaufzeiten können nur sehr wenige Projekte erste Ergebnisse vorweisen, die Datenlage ist dementsprechend unzureichend. Eine Beurteilung nach den jeweiligen Abrechnungsperioden erscheint vorteilhaft, da hierdurch mehr Datensätze zur Verfügung stehen und Projektentwickler noch während der Laufzeit des Projektes Verbesserungen hinsichtlich der nachhaltigen Entwicklung vornehmen können. Allerdings lassen sich einige Vorhaben erst nach ihrer Fertigstellung endgültig beurteilen, wie etwa der Bau einer Anlage. Insgesamt ist der Aufbau eines solchen Datensatzes sehr langwierig. Grundlage für eine Beurteilung ist die Erarbeitung eines verbindlichen Kataloges mit schlüssigen Indikatoren.

Der Katalog baut auf den 3 Dimensionen der nachhaltigen Entwicklung, Ökologie, Soziales und Ökonomie, auf. Diesen werden jeweils 4 bis 5 Kategorien zugeteilt. Jeder Kategorie werden Indikatoren hinzugefügt. Durch Beurteilung der Indikatoren ist eine schlüssigere Bewertung der Kategorie und schließlich der Dimension möglich. Die Beurteilung erfolgt in qualitativer Form. Rudolph, Ecofys und Suttner gehen einer (teilweise) quantitativen Beurteilung nach, indem sie für die Kategorien Indikatoren schaffen, welche untereinander mit den Werten -2, -1, 0, +1, +2 gewichtet werden. Eine quantitative Beurteilung ist hinsichtlich ihrer Transparenz zu bevorzugen. Sie erfordert jedoch differenziertere Indikatoren, welche in bisherigen Ausarbeitungen noch nicht hinreichend waren. Die Aussagekraft solcher Evaluierungen ist nicht befriedigend. Eine Bewertung der sensiblen und komplexen Thematik ist in jedem Fall subjektiv, da kein Regelwerk existiert. Eine quantitative Beurteilung nach dem in der Literatur vorgestellten Schema geht unzureichend auf projektspezifische Aspekte ein. Die Erarbeitung sektorenspezifischer oder regionenspezifischer quantitativer Bewertungen könnte Abhilfe schaffen. Eine qualitative Begründung ist nicht objektiv, mit Blick auf eine mangelhafte Datenlage und den unzureichenden Erfahrungen mit abgeschlossenen CDM-Projekten, erscheint ein solches

Vorgehen jedoch nachvollziehbarer und ermöglicht es auf individuelle projektspezifische Aspekte einzugehen. Aufgrund dessen wird in dieser Arbeit eine qualitative Begründung der quantitativen Bewertung vorgezogen. Es wird jedoch betont, dass mit wachsendem Datensatz und der Einführung eines verbindlichen Kataloges, eine schlüssige quantitative Evaluation hinsichtlich ihres Beitrages zur Transparenz und Vergleichbarkeit der Ergebnisse zu präferieren ist.

Der nachstehende Kriterienkatalog dient der Beurteilung des in Kapitel 6 vorgestellten Referenzprojektes im Bereich der Abfallwirtschaft, PT Navigat Organic Energy Indonesia, welches noch nicht abgeschlossen ist (eigene Interpretation und Darstellung in Anlehnung an Rudolph, 2007; Ecofys et al., 2006 und Sutter, 2003). Er erhebt nicht den Anspruch einer Allgemeingültigkeit.

Ökologische Kriterien:

Wasserqualität und -quantität: Diese Kategorie geht auf Veränderungen durch Projektaktivitäten bezüglich der Verfügbarkeit von Wasser auf lokaler und regionaler Ebene ein. Dies kann durch Ermittlung der Anzahl von Menschen mit Zugang zu Wasser durch das Projekt im Vergleich zur Situation der Baseline geschehen. Mit Hilfe von Messdaten werden die Auswirkungen des Projektes auf die lokale Wasserqualität festgestellt.

Luftqualität: Es werden die Auswirkungen von Veränderungen der lokalen Luftqualität auf die menschliche Gesundheit dargestellt. Bei der Verbrennung verschiedener Rohstoffe entstehen Schadstoffen, wie beispielsweise NO_X und SO_X, welche in die Atmosphäre gelangen. Auf Basis von Messdaten soll die Lage und die Gefahr für die menschliche Gesundheit beurteilt werden. Zu dieser Kategorie zählt auch eine Luftverschmutzung durch gesteigerte Frequenzen im Anlieferungsverkehr.

Qualität des Bodens/des Erdreiches: Zunächst soll durch Messungen die Bodenqualität beurteilt werden. Zudem muss abgebildet werden, ob und mit welchen Folgen das Projekt den Natürlichkeitsgrad der betroffenen Flächen verändert. Naturfern sind versiegelte und beeinträchtigte Flächen (Rudolph, 2007).

Sonstige Verschmutzungen: Evaluierung der Auswirkungen sonstiger Schadstoffen jeglicher Form, sowie Abfall auf die lokale Umgebung.

Biodiversität: Diese Kategorie fordert eine Beurteilung der Auswirkungen des Projektes durch Zerstörung oder Veränderung des Geländes und der Umgebung auf Flora und Fauna im Vergleich zur Baseline. Positive Veränderungen wäre eine Wiederbesiedelung des Gebietes von Tieren oder Pflanzen, negativ wäre deren Verschwinden.

Soziale Kriterien:

Beschäftigung: Beurteilung der Qualität der durch das Projekt geschaffenen Arbeitsplätze bezüglich ihres Qualifikationsanspruches und der Dauer der Arbeitsverhältnisse. Die Arbeitsbedingungen sollen ebenfalls evaluiert werden.

Lebensumstände der Armen: Diese Kategorie beinhaltet eine Einschätzung, wie viele Menschen durch das Projekt oberhalb der Armutsgrenze leben und wie sich ihr Einkommen und ihre Stellung in der Gesellschaft verändert haben.

Zugang zu Basisdienstleistungen: Zu den Basisdienstleistungen werden der Zugang zu Bildung, Wasser, Gesundheitsdienstleistungen und klimaschonender Energie / Wärme gezählt. Es sollen die Veränderungen durch das Projekt bewertet werden.

Human Capacity: Diese Kategorie impliziert eine Evaluation der Veränderungen hinsichtlich des Einflusses von Menschen auf politische Entscheidungsprozesse durch das Projekt (Human Empowerment). Es soll der Beitrag des Projektes zu Fragen der Gleichstellung von Menschen beurteilt werden sowie Einflüsse auf verbesserten Zugang zu Bildung und Qualifikation.

Ökonomische Kriterien:

Beschäftigung: Nennung der direkt durch das Projekt geschaffenen Arbeitsplätze.

Makroökonomische Stabilität: Beurteilung der durch das Projekt hervorgerufenen volkswirtschaftlichen Effekte. Export- und Importbilanzen sowie Auswirkungen auf die nationale Marktwirtschaft und die Zahlungsbilanz des Staates sollen eruiert werden.

Mikroökonomische Effizienz: Evaluation der Effizienz des Projektes hinsichtlich seiner Wirtschaftlichkeit. Dies impliziert eine Beurteilung inwiefern ein Unternehmen nach Ablauf der Projektlaufzeit des CDM wirtschaftlich arbeitet.

Technologietransfer: Erfassung der im Rahmen des Projektes transferierten Technologie und deren Handhabbarkeit vor Ort. Zudem soll überprüft werden, ob die Technik dem derzeitigen Entwicklungsstand der Länder entspricht. Dies ist der Fall, wenn die Technologie aktuell in Industriestaaten entwickelt und produziert wird, Nachfrage seitens der Entwicklungs- und Schwellenländer besteht und das notwendige Fachwissen entweder vorhanden ist oder ebenfalls transferiert wurde (Rudolph, 2007).

Tabelle 2 (eigene Darstellung in Anlehnung an Rudolph, 2007; Sutter, 2003; Ecofys et al., 2006) fasst die Kategorien und Indikatoren zusammen.

Dimension	Kategorie	Indikatoren
Ökologische Kriterien	Wasserqualität und -quantität	Einbeziehung von Grundwasser und Oberflächengewässern Quantität: Projektbeitrag zur lokaler und regionaler Verfügbarkeit Qualität: Schadstoffgehalt des Wassers
	Luftqualität	Schadstoffgehalt der Luft, wie SO_x, NO_x und Feinstaub
	Qualität des Bodens / des Erdreiches	Schadstoffgehalt des Bodens Einschätzung zur Landnutzung Erosion
	Sonstige Verschmutzungen	Schadstoffe (flüssig, fest, gasförmig) und Abfälle, welche nicht durch die anderen Kategorien erfasst werden.
	Biodiversität	Auswirkungen auf Flora und Fauna, Verdrängung von Arten, Rückführung von Arten
Soziale Kriterien	Beschäftigung	Qualität der Arbeit (Erfüllung von Standards, verschiedene Lohnsektoren)
	Lebensumstände der Armen	Anzahl der Menschen, die durch das Projekt oberhalb der Armutsgrenze leben Abschätzung neuer Möglichkeiten für sozial ausgeschlossene und marginalisierte Gruppen
	Zugang zu Basisdienstleistungen	Zahl der Menschen, welche Zugang zur Gesundheitsversorgung, Bildung, öffentlichen Einrichtungen, Wasser und Ähnlichem erhalten Zugang zu erschwinglichen, nachhaltigen und klimaschonenden Energiedienstleistungen, Versorgungssicherheit

Dimension	Kategorie	Indikatoren
Soziale Kriterien	Human Capacity	Empowerment: Verbesserung der Entscheidungsfähigkeit von lokalen Gemeinschaften
		Öffentlichkeitsbeteiligung, -arbeit
		Bildung: Verbesserte Bildung (qualitativ und quantitativ) durch das Projekt
		Gleichberechtigung: Genderfragen aller Art
		Veränderung der Eigentumsrechte von Projektbetroffenen
Ökonomische Kriterien	Beschäftigung	Anzahl der geschaffenen Arbeitsplätze
	Makroökonomische Stabilität	Beitrag des Projektes zur Stabilität des Staates durch Steigerung von Exporten oder Minderung der Importe
	Mikroökonomische Effizienz	Rentabilität des Projektes
		Langfristige Rentabilität der Aktivitäten
	Technologietransfer	Umfang des Transfers
		Anwendbarkeit vor Ort

Tabelle 3: Katalog zur Beurteilung des Beitrags zur nachhaltigen Entwicklung von CDM-Projekten

Kapitel 6 untersucht den derzeitigen Ergebnisstand des CDM-Projektes PT Navigat Organic Energy Indonesia (PT NOEI) auf einer Deponie in Indonesien. Die Auswertung erfolgt auf Basis des vorgestellten Kriterienkataloges.

Als Vergleich zu den in der Literatur und durch den Goldstandard üblichen Kriterien und Indikatoren für eine nachhaltige Entwicklung wird folgend eine Übersicht zu den Standards der indonesischen DNA bezüglich der Zulassung CDM-gestützter Projekte gegeben (IGES, 2011):

A. Environment

Criteria	Indicators
Environmental sustainability by practicing natural resource conservation or diversification	<ul><li>Maintain sustainability of local ecological functions</li><li>Not exceeding the threshold of existing national, as well as local, environmental standards (not causing air, water and/or soil pollution)</li><li>Maintaining genetic, species, and ecosystem biodiversity and not permitting any genetic pollution</li><li>Complying with existing land use planning</li></ul>
Local community health and safety	<ul><li>Not imposing any health risk</li><li>Complying with occupational health and safety regulation</li><li>There is a documented procedure of adequate actions to be taken in order to prevent and manage possible accidents</li></ul>

B. Economy

Criteria	Indicators
Local community welfare	<ul><li>Not lowering local community's income</li><li>There are adequate measures to overcome the possible impact of lowered income of community members</li><li>Not lowering local public services</li><li>An agreement among conflicting parties is reached, conforming to existing regulation, dealing with any lay-off problems</li></ul>

C. Social

Criteria	Indicators
Local community participation in the project	<ul><li>Local community has been consulted</li><li>Comments and complaints from local communities are taken into consideration and responded to</li></ul>
Local community social integrity	<ul><li>Not triggering any conflicts among local communities</li></ul>

D. Technology

Criteria	Indicators
Technology transfer	<ul><li>Not causing dependencies on foreign parties in knowledge and appliance operation (transfer of know-how)</li><li>Not using experimental or obsolete technologies</li><li>Enhancing the capacity and utilisation of local technology</li></ul>

Abbildung 9: Kriterien der indonesische DNA zur Bewilligung CDM gestützter Projekte hinsichtlich ihres Beitrages zu nachhaltigen Entwicklung des Landes

Die Formulierung der Indikatoren ist zurückhaltend und fordert keine konsequente Verbesserung der Kriterien. Es wird betont, dass ein Projekt keinerlei negative Auswirkungen auf Aspekte der nachhaltigen Entwicklung haben darf. Die sozialen Kriterien sind im Gegensatz zu den in der Literatur formulierten, nicht auf eine eindeutige Verbesserung der Lebenssituation der betroffenen Bevölkerung ausgerichtet.

Es wird deutlich, dass eine Standarddefinition der UNFCCC zur nachhaltigen Entwicklung zur Sicherung der Qualität und Transparenz von CDM-Projekten unumgänglich ist.

5 Statistische Erhebungen zu CDM-Projekten der Abfallwirtschaft

Dieses Kapitel stellt die Ergebnisse der empirischen Auswertungen zu CDM-gestützten Abfallwirtschaftsprojekten dar. Als Grundlage für die Analyse diente die Projektdatenbank der UNFCCC (2012d). Diese enthält die PDD aller Projekte sowie zugehörige Schreiben, wie etwa den LoE der jeweiligen Länder und relevante Anhänge mit Berechnungen zu Investitionen und Treibhausgasminderungen. Die Datenbank umfasst registrierte und abgewiesene Projekte, ebenso wie Projekte zur Validierung. Der Projektstatus ist angegeben. Die Auswertungen dieser Arbeit schließen abgewiesene Projekte aus. Projekte zur Validierung wurden mit einbezogen, da statistisch gesehen etwa 95 % der zur Validierung eingereichten Projekte auch registriert werden. Dieser Wert ist ausreichend, um solche Projekte in die Untersuchung zu integrieren.

Das in Kapitel 6 untersuchte Fallbeispiel befindet sich in Indonesien. Aufgrund dessen wurden detailliertere Untersuchungen zu Südostasien und Indonesien vorgenommen.

In Anhang 1 bis 9 sind die den Abbildungen zugehörigen Tabellen hinterlegt.

5.1 Regionale Verteilung von CDM-Projekten und CDM-gestützten Abfallwirtschaftsprojekten

Folgende Abbildungen geben die regionale Verteilung CDM-gestützter Projekt wieder. Grundlage sind die in Anhang 4 hinterlegten Daten.

Number of CDM-Projects and number of CDM-Projects within the sectoral scope 13 on continent

Kontinent	Total number of CDM Projects	Total number of CDM Projects - Sectoral scope 13: Waste handling and disposal
Africa	70	21
Asia	2763	312
Australia	2	1
Europe	10	0
North America	183	113
South America	277	122

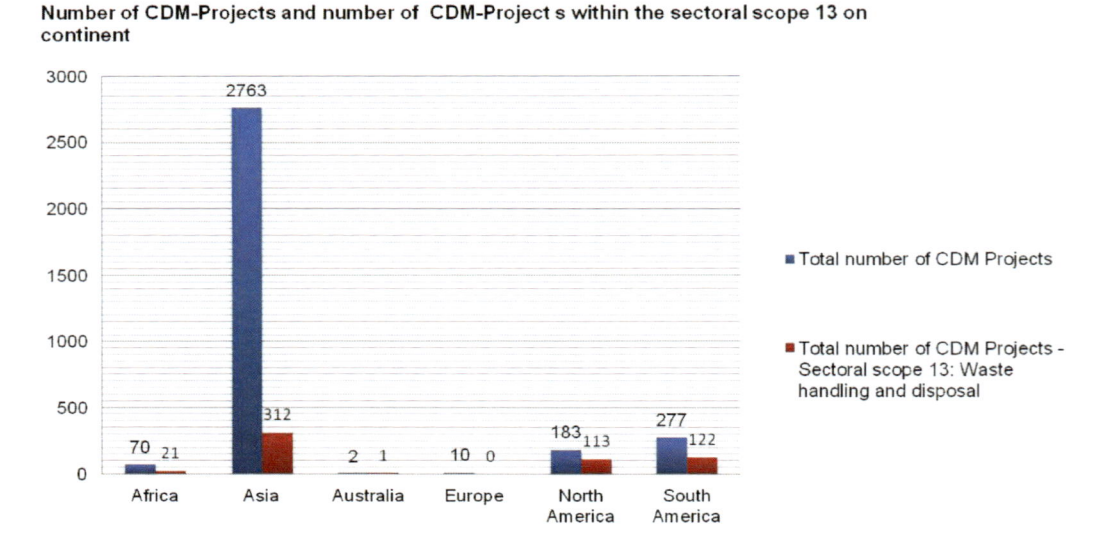

Abbildung 10: Anzahl der CDM-Projekte und CDM-gestützten Abfallwirtschaftsprojekte je Kontinent

Asien verzeichnet mit Abstand die meisten CDM-Projekte und etwa 55 % der CDM-gestützten Abfallwirtschaftsprojekte. Nach den Ausführungen der UNFCCC zum CDM fallen

Abfallwirtschaftsprojekte, wie in den Abbildungen zu erkennen ist, unter „Sectoral Scope 13". Projekte in Europa sind rar, da der Großteil Europas zu den Staaten in Anhang B zählt. Registrierte Projekte befinden sich in Südosteuropa. Dasselbe gilt für Australien. Existierende Projekte werden auf den Inselgruppen im Pazifik (Ozeanien) durchgeführt.

Die Abbildungen 11 und 12 (eigene Darstellungen auf Basis der in Anhang 4 zusammengestellten Daten) veranschaulichen die globale Verteilung:

Percentage of share on (running/potential) CDM-Projects on continent on total number of (running/potential) CDM-Projects

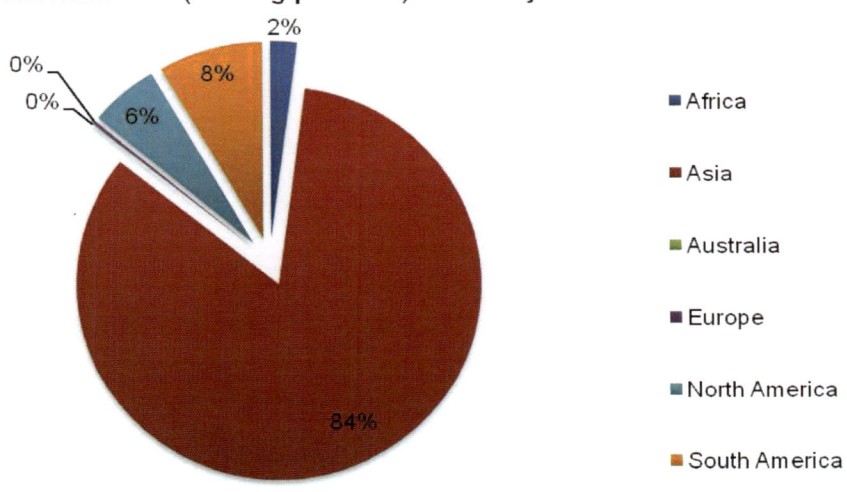

- Africa: 2%
- Asia: 84%
- Australia: 0%
- Europe: 0%
- North America: 6%
- South America: 8%

Abbildung 11: Globale prozentuale Verteilung von CDM-Projekten je Kontinent

Percentage of share on (running/potential) sectoral scope 13-CDM-Projects on continent on total number of (running/potential) sectoral scope 13-CDM-Projects

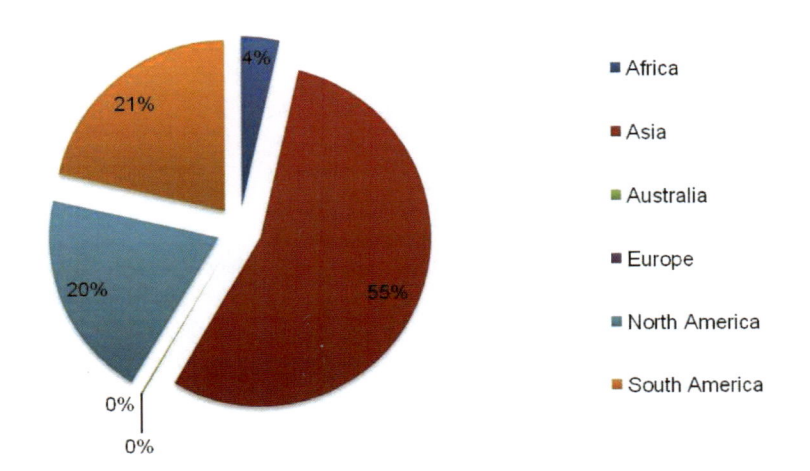

- Africa: 4%
- Asia: 55%
- Australia: 0%
- Europe: 0%
- North America: 20%
- South America: 21%

Abbildung 12: Globale prozentuale Verteilung von CDM-gestützten Abfallwirtschaftsprojekten je Kontinent

Die Abbildungen 13 und 14 stellen die regionale Verteilung der Projekte auf dem jeweiligen Kontinent dar. Es wurden alle potenziellen Gaststaaten des Kyoto-Protokolls in die

Untersuchung mit einbezogen. Das Protokoll wurde durch diese Staaten ratifiziert. Es erfolgte keine Unterscheidung, ob sie tatsächlich Gastgeberstaat für ein CDM-Projekt sind oder nicht. Die regionale Verteilung erfolgte vorwiegend nach politischer Zugehörigkeit.

Australien und Europa werden aufgrund der geringen Anzahl von Projekten nicht dargestellt. Projekte in Nordamerika befinden sich ausschließlich in Zentralamerika. Südamerika wurde in Kontinental und Nichtkontinental untergliedert. CDM-Projekte sind nur in Kontinental-Südamerika vorzufinden. Nordamerika und Südamerika werden daher nicht näher veranschaulicht.

Die Tabelle in Anhang 4 gibt die Zahl aller CDM-Projekte und CDM-gestützten Abfallwirtschaftsprojekte je Gastgeberstaat wieder (Stand 2012).

Nachstehend wird die regionale Verteilung der Projekte in Afrika und Asien dargestellt.

Afrika

Number of CDM-Projects and number of CDM-Project within the sectoral scope 13 in Africa by region

Region	Total number of CDM-Projects	Total number of CDM-Projects - Sectoral scope: Waste handling and disposal
Central Africa	2	2
East Africa	23	2
North Africa	15	3
Southern Africa	16	4

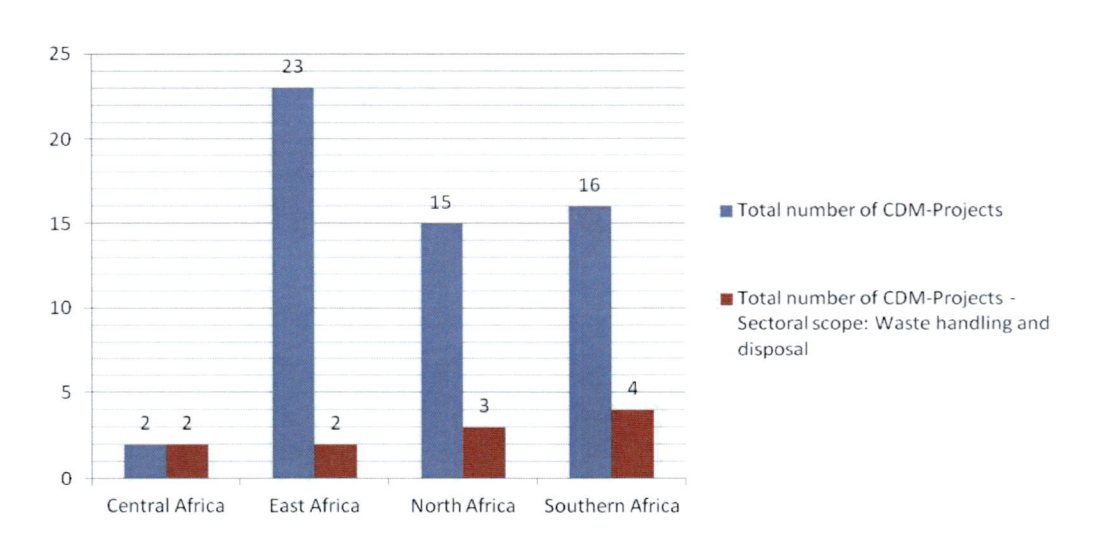

Abbildung 13: Regionale Verteilung der CDM-Projekte und CDM-gestützten Abfallwirtschaftsprojekte in Afrika

Asien

Number of CDM-Projects and number of CDM-Project within the sectoral scope 13 in Asia by region

Region	Total number of CDM-Projects	Total number of CDM-Projects - Sectoral scope: Waste handling and disposal
Central Asia	8	3
East Asia	1890	76
South Asia	442	22
South East Asia	400	204
West Asia	23	7

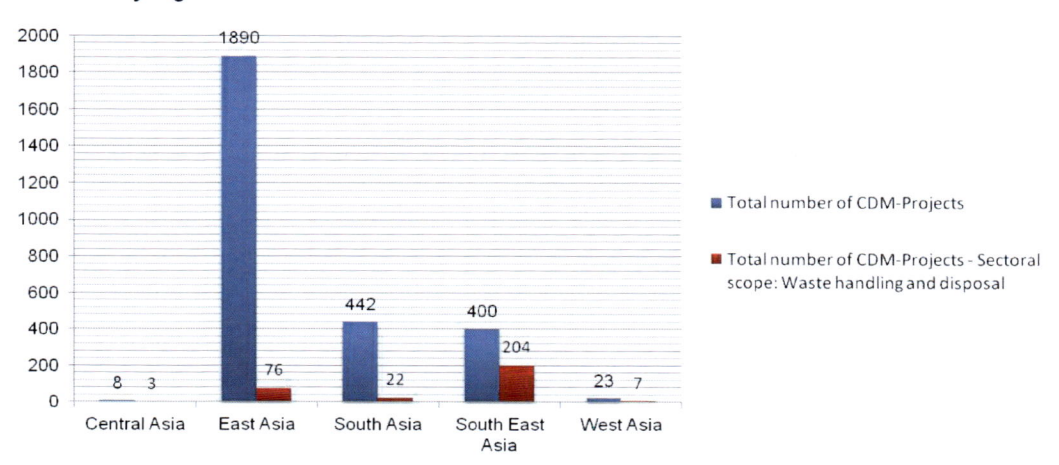

Abbildung 14: Regionale Verteilung der CDM-Projekte und CDM-gestützten Abfallwirtschaftsprojekte in Asien

Abbildung 15 geht speziell auf Südostasien ein.

Südostasien

Number of CDM-Projects and number of CDM-Projects within the sectoral scope 13 in South East Asia

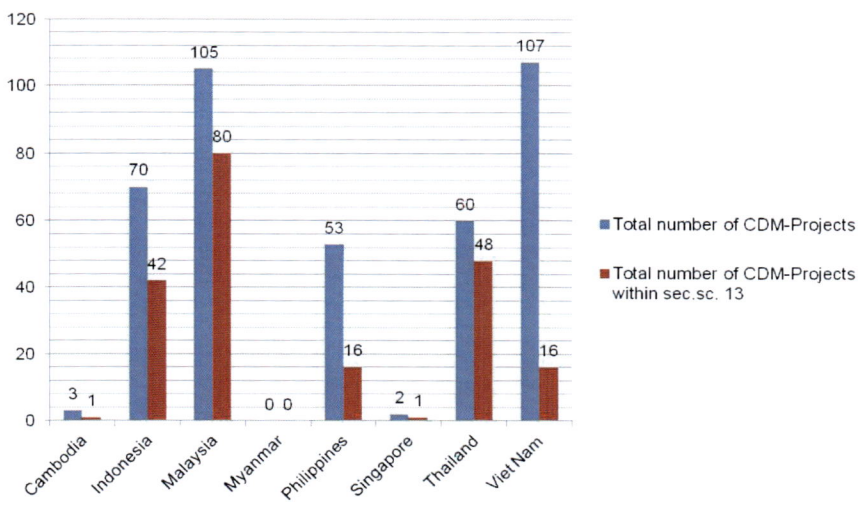

Country	Total number of CDM-Projects	Total number of CDM-Projects within sec.sc. 13
Cambodia	3	1
Indonesia	70	42
Malaysia	105	80
Myanmar	0	0
Philippines	53	16
Singapore	2	1
Thailand	60	48
Viet Nam	107	16

Abbildung 15: Regionale Verteilung der CDM-Projekte und CDM-gestützten Abfallwirtschaftsprojekte in Südostasien

5.2 Kumulierte Summe registrierter CDM-Projekte und CDM-gestützter Projekte im Zeitverlauf

Darstellung der globalen und indonesischen Registrierungszahlen von CDM-Projekten und CDM-gestützten Abfallwirtschaftsprojekten. Die Zahlen wurden halbjährlich ermittelt.

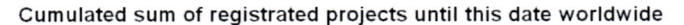

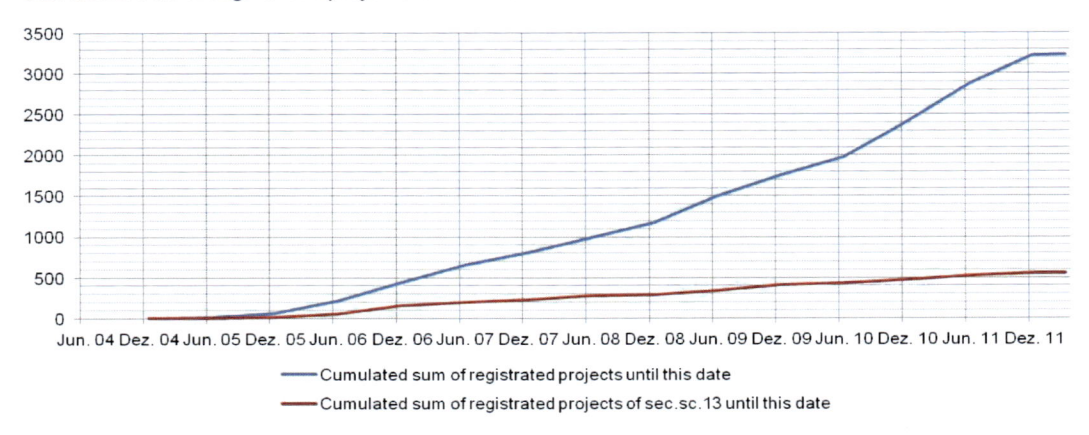

Abbildung 16: Kumulierte Summe weltweit registrierter CDM-Projekte und CDM-gestützter Abfallwirtschaftsprojekte im Zeitverlauf

Während die Zahl der weltweiten Registrierungen ab dem Jahr 2005 stark wachsend ist, kann Indonesien erst seit 2009 ein deutliches Wachstum verzeichnen.

Abbildung 17: Kumulierte Summe registrierter CDM-Projekte und CDM-gestützter Abfallwirtschaftsprojekte in Indonesien im Zeitverlauf

5.3 Sektorenspezifische Verteilung von CDM-Projekten

Nachstehend wird die sektorenspezifische Aufteilung von CDM-Projekten weltweit, in Indonesien und zum Vergleich in ausgewählten Staaten Südostasiens dargestellt.

CDM-Projekte können am häufigsten Sektor 1 (Energieproduktion) und Sektor 13 (Abfallwirtschaft) zugeordnet werden. Es muss beachtet werden, dass ein Projekt mehreren

Sektoren zugeordnet werden kann. Auf das Konzept der Sektoren wurde in Kapitel 3.4 eingegangen.

Number of projects within each sectoral scope worldwide

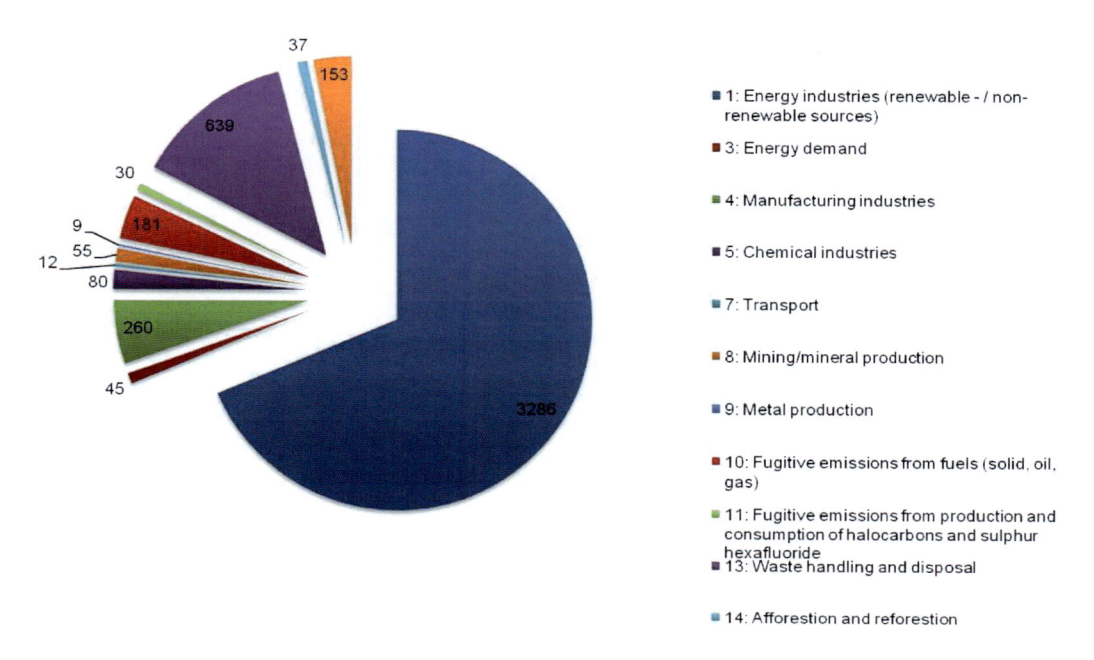

- 1: Energy industries (renewable - / non-renewable sources): 3286
- 3: Energy demand: 45
- 4: Manufacturing industries: 260
- 5: Chemical industries: 80
- 7: Transport: 12
- 8: Mining/mineral production: 55
- 9: Metal production: 9
- 10: Fugitive emissions from fuels (solid, oil, gas): 181
- 11: Fugitive emissions from production and consumption of halocarbons and sulphur hexafluoride: 30
- 13: Waste handling and disposal: 639
- 14: Afforestion and reforestion: 153
- (37)

Abbildung 18: Weltweite sektorenspezifische Verteilung von CDM-Projekten

Indonesien

Number of projects within each sectoral scope in Indonesia

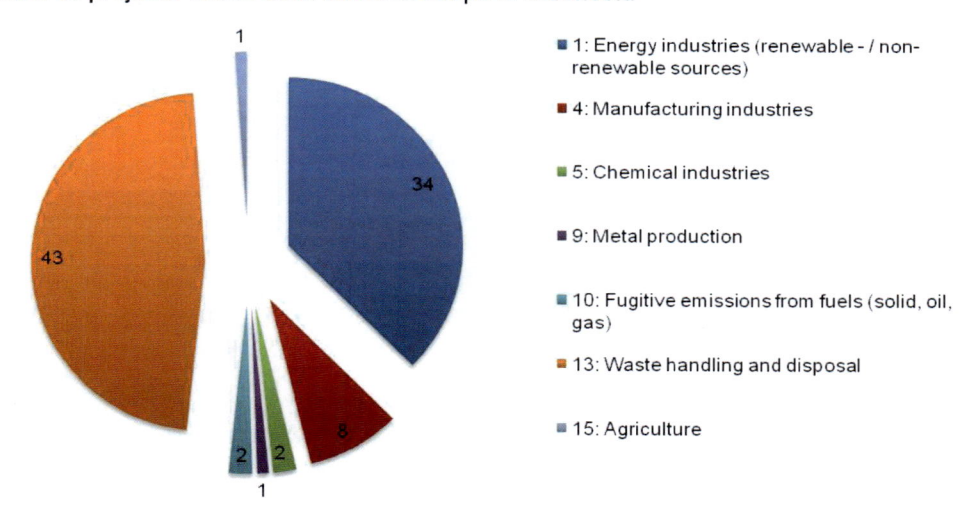

- 1: Energy industries (renewable - / non-renewable sources): 34
- 4: Manufacturing industries: 8
- 5: Chemical industries: 2
- 9: Metal production: 2
- 10: Fugitive emissions from fuels (solid, oil, gas): 1
- 13: Waste handling and disposal: 43
- 15: Agriculture: 1

Abbildung 19: Sektorenspezifische Verteilung von CDM-Projekten in Indonesien

Da Projekten mehreren Sektoren zugeordnet werden können, wurden die jeweiligen Kombinationen mit Sektor 13: Abfallwirtschaft in Indonesien untersucht. Abbildung 20 stellt das Ergebnis dar.

Indonesia: Number of projects containing sectorals scope 13

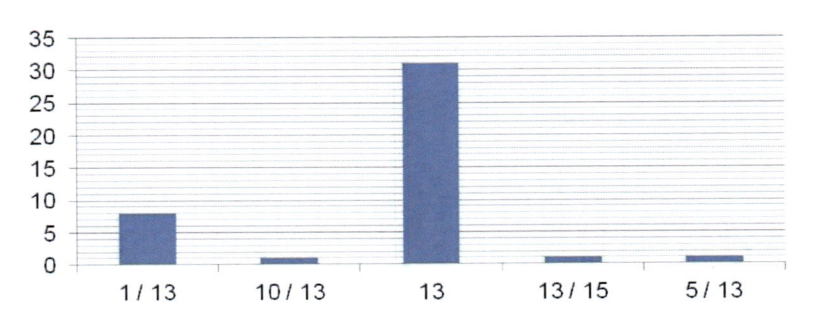

Kombination	Anzahl
1 / 13	8
10 / 13	1
13	31
13 / 15	1
5 / 13	1

Abbildung 20: Anzahl der CDM-gestützten indonesischen Projekte des Sektors Abfallwirtschaft und Kombinationen

Für eine fundiertere Beurteilung der indonesischen Sektorenverteilung wird nachfolgend die jeweilige Verteilung Thailands, der Philippinen und Malaysias gegeben.

Thailand

Number of projects within each sectoral scope in Thailand

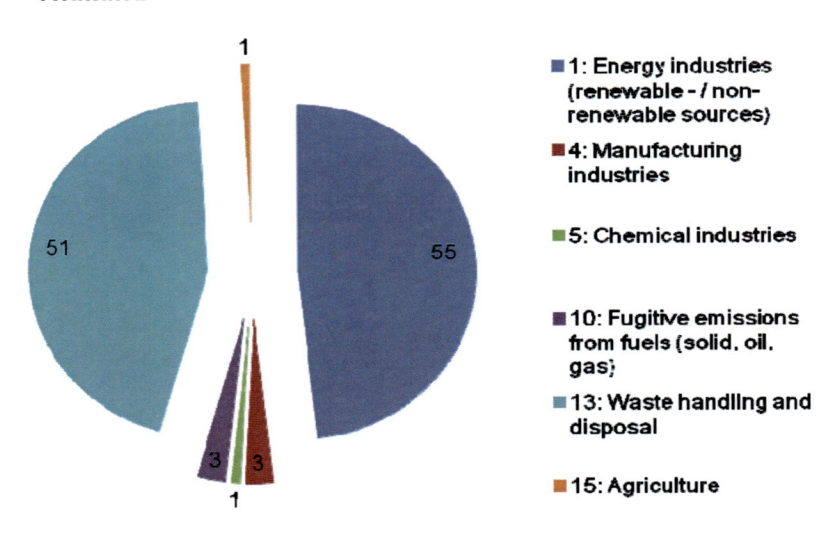

- 1: Energy industries (renewable - / non-renewable sources): 55
- 4: Manufacturing industries: 3
- 5: Chemical industries: 3
- 10: Fugitive emissions from fuels (solid, oil, gas): 1
- 13: Waste handling and disposal: 51
- 15: Agriculture: 1

Abbildung 21: Sektorenspezifische Verteilung von CDM-Projekten in Thailand

Philippinen

Number of projects within each sectoral scope in Philippines

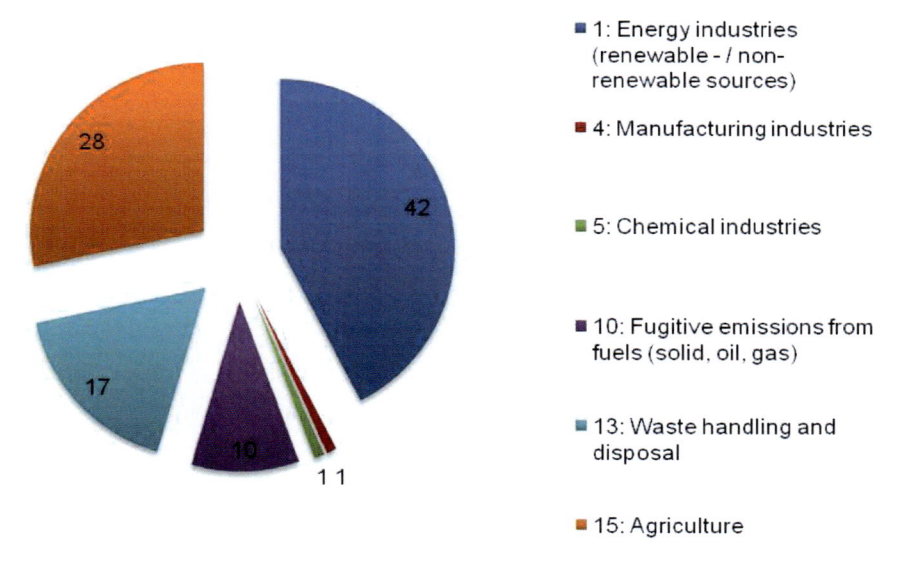

- 1: Energy industries (renewable - / non-renewable sources): 42
- 4: Manufacturing industries: 1
- 5: Chemical industries: 1
- 10: Fugitive emissions from fuels (solid, oil, gas): 10
- 13: Waste handling and disposal: 17
- 15: Agriculture: 28

Abbildung 22: Sektorenspezifische Verteilung von CDM-Projekten auf den Philippinen

Malaysia

Number of projects swithin each sectoral scope in Malaysia

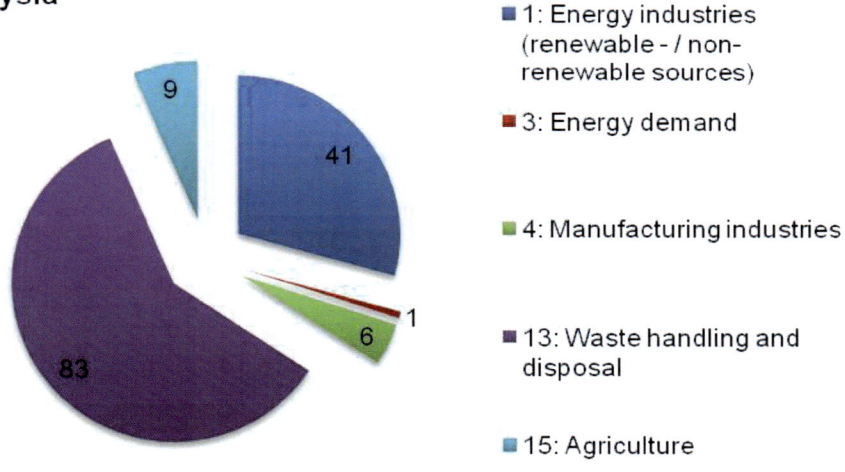

- 1: Energy industries (renewable - / non-renewable sources): 41
- 3: Energy demand: 1
- 4: Manufacturing industries: 6
- 13: Waste handling and disposal: 83
- 15: Agriculture: 9

Abbildung 23: Sektorenspezifische Verteilung von CDM-Projekten in Malaysia

5.4 Verteilung der angewandten Methoden in CDM-gestützten Abfallwirtschaftsprojekten

Folgende Abbildungen gehen auf die verwendeten Methoden in CDM-gestützten Abfallwirtschaftsprojekten ein. Es muss beachtet werden, dass die Verwendung mehrerer Methoden bei einem Projekt möglich ist.

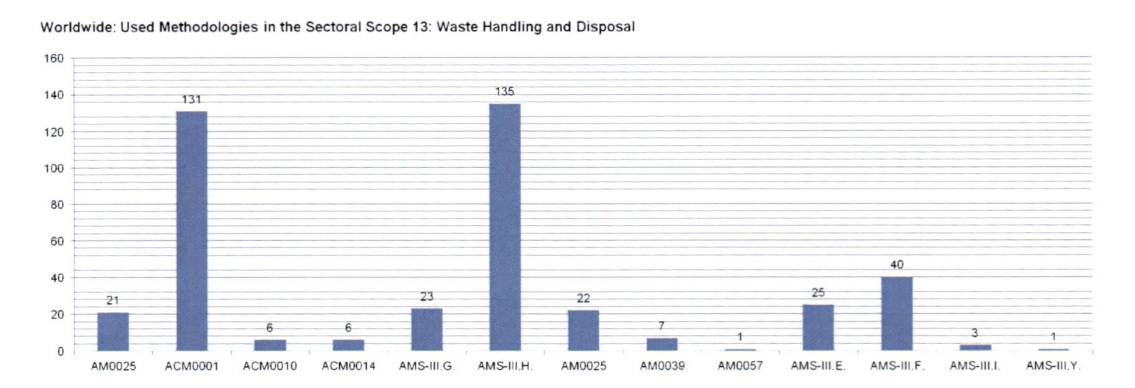

Abbildung 24: Angewandte Methoden in CDM-gestützten Abfallwirtschaftsprojekten weltweit

Nachstehend sind die jeweiligen kontinentalen Verteilungen aufgeführt:

Nordamerika

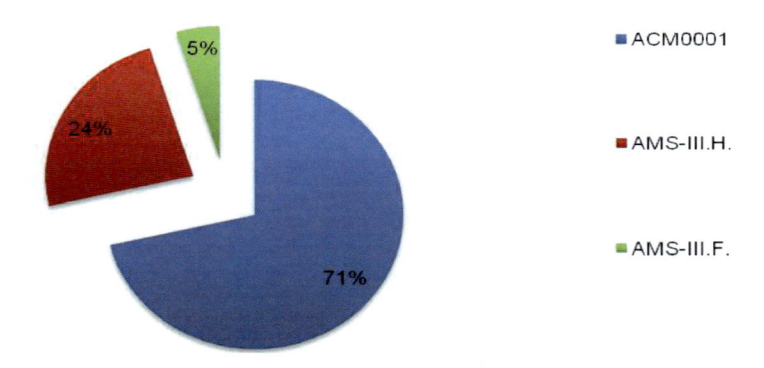

Abbildung 25: Angewandte Methoden in CDM-gestützten Abfallwirtschaftsprojekten in Nordamerika

Südamerika

South America: Used Methodologies in the Sectoral Scope 13: Waste Handling and Disposal

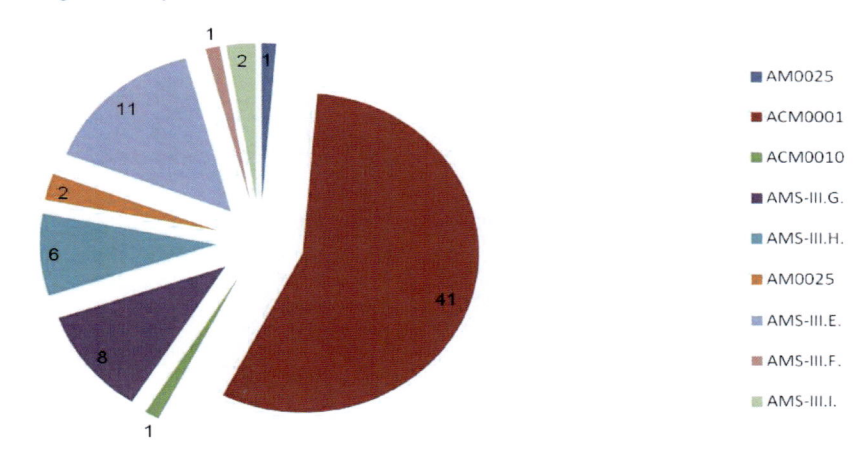

Legend: AM0025, ACM0001, ACM0010, AMS-III.G., AMS-III.H., AM0025, AMS-III.E., AMS-III.F., AMS-III.I.

Values shown: 1, 2, 1, 11, 2, 6, 8, 1, 41

Abbildung 26: Angewandte Methoden in CDM-gestützten Abfallwirtschaftsprojekten in Südamerika

Afrika

Africa: Used Methodologies in the Sectoral Scope 13: Waste Handling and Disposal

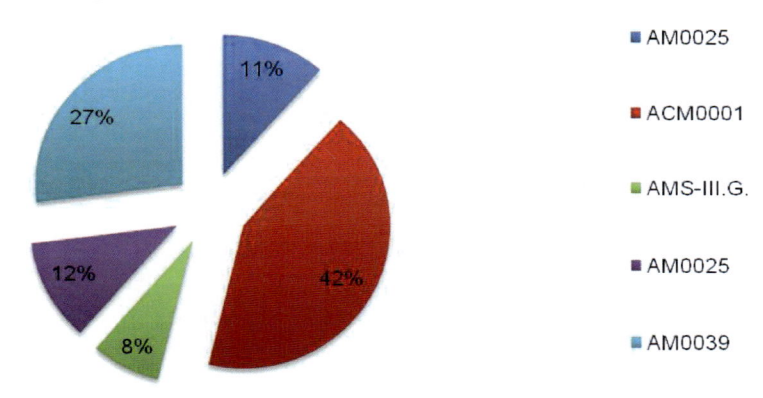

Legend: AM0025 (11%), ACM0001 (42%), AMS-III.G. (8%), AM0025 (12%), AM0039 (27%)

Abbildung 27: Angewandte Methoden in CDM-gestützten Abfallwirtschaftsprojekten in Afrika

Asien

Asia: Used Methodologies in the Sectoral Scope 13: Waste Handling and Disposal

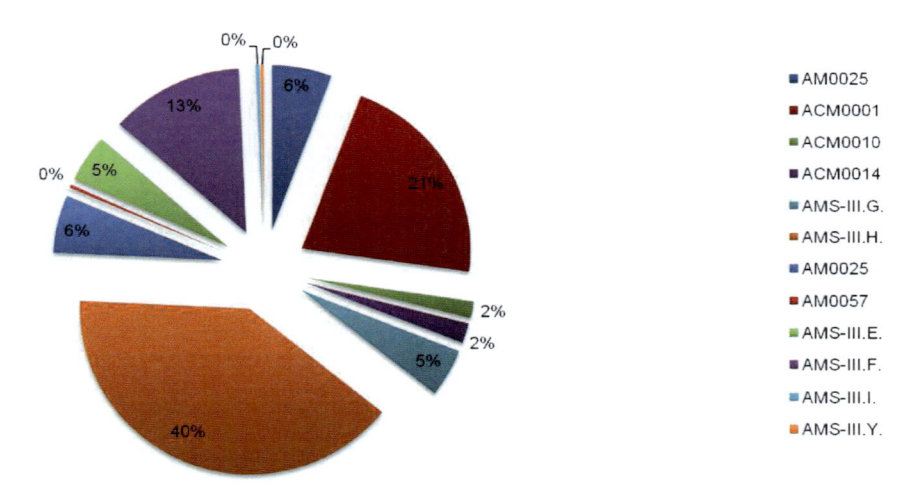

- AM0025
- ACM0001
- ACM0010
- ACM0014
- AMS-III.G.
- AMS-III.H.
- AM0025
- AM0057
- AMS-III.E.
- AMS-III.F.
- AMS-III.I.
- AMS-III.Y.

Abbildung 28: Angewandte Methoden in CDM-gestützten Abfallwirtschaftsprojekten in Asien

Indonesien

Indonesia: Used Methodologies in the Sectoral Scope 13: Waste Handling and Disposal

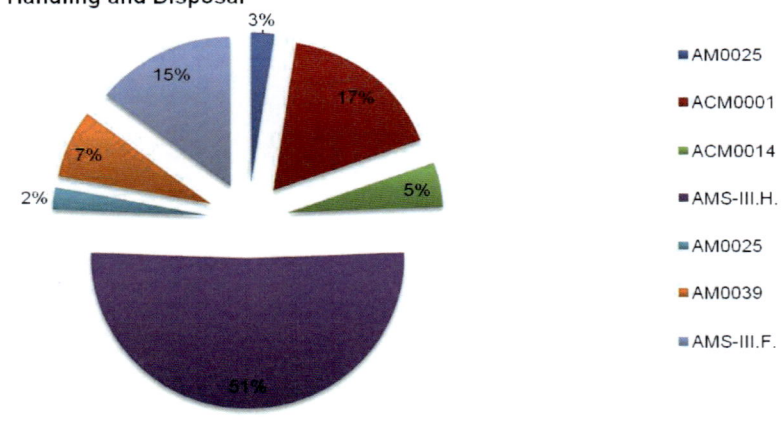

- AM0025
- ACM0001
- ACM0014
- AMS-III.H.
- AM0025
- AM0039
- AMS-III.F.

Abbildung 29: Angewandte Methoden in CDM-gestützten Abfallwirtschaftsprojekten in Indonesien

6 Evaluation des CDM am Fallbeispiel PT NOEI

Die Analyse und Bewertung des Clean Development Mechanism ist für seine Weiterentwicklung unumgänglich. Während Emissionsminderungen nachvollziehbar dargestellt werden können, ist die Bewertung seines Beitrags zur nachhaltigen Entwicklung im Gastland komplexer und intransparenter. Am Beispiel eines Projektes zur Abfallwirtschaft auf Bali, Indonesien sollen die Intention und die Wirkung des CDM dargestellt und geprüft werden.

Im Hinblick auf die Bewertung ist eine Darstellung der Lebensumstände und der Abfallwirtschaft der Region erforderlich. Anhand des PDD werden die Eckdaten des CDM-Projektes mit Schwerpunkt auf die angewandten Methoden aufgeführt. Durch Recherchen vor Ort konnten Informationen zum aktuellen Stand der Durchführung gesammelt werden. Eine Beurteilung der bisherigen Projektaktivitäten ist somit möglich. Die landestypische intransparente Datenlage verhindert eine umfassende Auswertung. Der Beitrag zur nachhaltigen Entwicklung Indonesiens wird mit Hilfe des Kriterienkataloges beurteilt.

6.1 Zur Allgemein- und Abfallentsorgungssituation in Indonesien

Zur Evaluierung der Wirkung des CDM auf die nachhaltige Entwicklung des Gastlandes ist eine Darstellung der Allgemeinsituation Indonesien und Balis notwendig.

6.1.1 Wirtschaftliche Situation Indonesiens

Indonesien hat etwa 234,6 Mio. Einwohner (Stand 2010, Badan Pusat Statistik, 2010) und erstreckt sich über eine Fläche von etwa 2 Mio. km^2 (Bifa Umweltinstitut, 2009), welche aus über 13.000 Inseln besteht. Das Land untergliedert sich in 33 Provinzen. Etwa 57 % der Menschen leben in ländlichen Gebieten (Damanhuri, 2010). Das BIP / Kopf wuchs in den letzten 5 Jahren um etwa 5,7 % / Jahr und betrug 2010 2.880 US-$, zum Vergleich: Das deutsche BIP / Kopf betrug 2011 etwa 41.200 US-$ (Auswärtiges Amt, 2010; EU, 2012; Yahoo Finance, 2012). Die Arbeitslosenrate lag 2010 bei 8 %, die Inflationsrate bei 6 %. Indonesien verfügte laut UN (2011) im Jahr 2011 über einen Human Development Index von 0,617 (Platz 124 von 187). Dieser Index berücksichtigt Kriterien wie den Lebensstandard, die Lebenserwartung und das Einkommen der Einwohner eines Staates. Der CDM-IKI (CDM-Investitionsindex) bewertet das Investitionsumfeld für CDM-Projekte und vergibt Punkte zwischen 0 und 100. Im Jahr 2009 wurde Indonesien mit 80,1 Punkten bewertet, womit gute Rahmenbedingungen für CDM-Investitionen herrschen. Problematisch ist seit jeher die Korruption. 2011 wurde Indonesien mit 3 Punkten (von 10 = keine wahrnehmbare Korruption) auf dem Korruptionsindex dargestellt (DEG, bfai, 2008; Transparency international, 2011). Nach diesem Index war die wahrgenommene Korruption in den letzten 5 Jahren leicht rückläufig. Die DEG bescheinigt Indonesien im Allgemeinen positive makroökonomische Rahmenbedingungen für Auslandsinvestitionen. Indonesien verfügt über enorme Rohstoffreserven, einen hohen Nachholbedarf im Konsumbereich sowie eine wachsende Bereitschaft zu ökonomischen und administrativen Reformen. Negativ werden die Defizite im Infrastrukturangebot, der hohe (wirtschafts-)rechtliche Reformbedarf, das investitionsbehindernde Arbeitsrecht, der hohe Anteil an Schattenwirtschaft, das intransparente Verwaltungssystem und die Korruptionsproblematik gewertet (DEG, bfai, 2008).

6.1.2 Treibhausgasemissionen und Grundlagen der Abfallwirtschaft

Aus Abbildung 10 (World Bank, 2007) geht hervor, dass Indonesien 2007 einen Treibhausgasausstoß von über 3 Milliarden Mg CO_2-Äqu. produzierte, mehr als doppelt so viel wie Indien.

Emissions sources	United States	China	Indonesia	Brazil	Russia	India
Energy[2]	5,752	3,720	275	303	1,527	1,051
Agriculture[3]	442	1,171	141	598	118	442
Forestry[4]	(403)	(47)	2,563	1,372	54	(40)
Waste[5]	213	174	35	43	46	124
Total	6,005	5,017	3,014	2,316	1,745	1,577

Abbildung 30: Übersicht zu weltweiten Emissionen (Stand 2007 in Milliarden Mg CO_2-Äqu.).

Als größter Verursacher von Treibhausgasen gilt die Brandrodung, vorwiegend von Regenwald. So werden neben extremen Emissionsmengen auch natürliche Senken vernichtet.

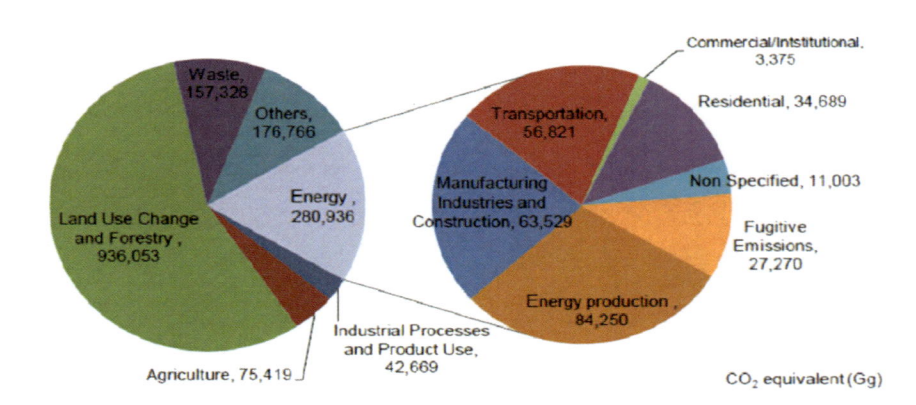

Abbildung 31: Sektorale Verteilung der Treibhausgasemissionen Indonesiens (Stand 2000 in Mio. Mg CO_2-Äqu.).

Abbildung 11 (IGES, 2011) stellt die Treibhausgasemissionen Indonesiens im Jahr 2000 dar. Die Daten wurden von der indonesischen Regierung für die UNFCCC erstellt. Es ist anzumerken, dass die Angaben der World Bank zum Emissionsausstoß Indonesiens im Jahr 2000 um knapp 1 Milliarde CO_2-Äqu. höher liegen (World Bank, 2012).

Die indonesische Regierung verabschiedete im Mai 2008, 5 Monate nach der Klimakonferenz (COP 13) auf Bali, das erste Abfallwirtschaftsgesetz. Dieses wird auch als „3R" (reduce, reuse, recycle) bezeichnet (Damanhuri, 2010). Es sieht vor, dass innerhalb von 5 Jahren alle Provinzen von einer endgültigen Abfallbeseitigung auf eine nachhaltige Abfallverwertung umstellen. Ungeordnete Deponien müssen demnach zumindest abgedichtet werden. Der Zeitraum erscheint hinsichtlich des notwendigen Investitionsvolumens und der Dauer der Umbauten zu kurz. Jedoch könnte durch die veränderte Gesetzeslage das Interesse an Auslandsinvestitionen (CDM) in die regionale Abfallwirtschaft steigen.

Die indonesische Regierung hat die Verantwortung für die Abfallwirtschaft den Provinzen übertragen. Vor Einführung des Abfallwirtschaftsgesetzes war es die übliche Handhabung Abfälle auf ungeordneten Deponien zu sammeln und abzulagern. Hauptproduzent der Abfälle sind private Haushalte. Die Erfassungsquote bei der Sammlung von Abfällen schwankt zwischen 20 % und 65 %, sie steigt je urbaner Regionen sind (Bifa Umweltinstitut, 2009; eigene Recherchen). Das Gesamtvolumen von häuslichen Abfällen beläuft sich laut bifa auf etwa 132.593.600 m^3 / a, etwa 45.081.825 Mg / a. Der organische Anteil beträgt etwa 80 % (bifa Umweltinstitut, 2009). Nicht durch die nationale Abfallsammlung erfasste Abfälle werden entweder durch Verbrennung oder die privat organisierte Beseitigung auf einer Deponie, in Wäldern, Flüssen und dem Meer eigenständig entsorgt. Der informelle Sektor der Abfallwirtschaft ist bedeutend: Wertstoffe werden durch Sammler aus den auf der Straße abgelagerten Abfällen oder der Deponie aussortiert und an Zwischenhändler weiterverkauft. Diese verkaufen beispielsweise die heizwertreichen Rohstoffe zur thermischen Verwertung an Kraft- und Zementwerke oder zur Weiterverarbeitung an verschieden Fabriken. Die Erlöse aus der privaten Sammlung von Wertstoffen stellen für viele Menschen den Lebensunterhalt dar (Damanhuri, 2010; eigene Recherchen).

```
Die Allgemeinsituation auf Bali
```

Die Provinz Bali hat etwa 4 Millionen Einwohner auf 5.500 km^2 (baliguide, 2012). Zur Hauptinsel Bali gehören die Inseln namens Nusa Penida, Nusa Lembongan und Nusa Ceningan. Die Provinz Bali ist in acht kabupaten (Landkreise) und eine kota (Stadt von Denpasar) unterteilt. Bali ist im Süden sehr vom Tourismus geprägt. Nusa Dua, Kuta und Jimbaran in Denpasar und Sanur bilden die Haupttourismuszentren. Mittig und vor allem östlich ist Bali eher ländlich.

Die Straßen Balis sind weitestgehend gut ausgebaut. Durch das hohe Verkehrsaufkommen ist das Straßennetz jedoch überlastet. Hierdurch entstehen Staus und Smog in den Städten. Das Moped / Motorrad ist allgemein übliches Verkehrsmittel. Die Anzahl an Zweirädern und Personenkraftwagen steigt kontinuierlich.

Etwa 20 % bis 25 % der Menschen Balis sind im Tourismus und damit zusammenhängende Geschäften beschäftigt. 55 % bis 60 % arbeiten in der Landwirtschaft und etwa 20 % in handwerklichen Berufen (eigene Recherchen / Befragungen vor Ort).

6.2 PT Navigat Organic Energy Indonesia (PT NOEI), Bali

Die Deponie TPA SUWUNG liegt etwa 13 km südwestlich von Denpasar, am Meer, umgeben von einem geschützten Mangrovenwald. Abbildung 32 stellt die Lage und den Aufbau der TPA SUWUNG dar (Google Earth, 2012). Der Aufnahmezeitpunkt wird auf 2010 geschätzt. Seit etwa 1984 wird hier der Siedlungsabfall aus Südbadung und Denpasar deponiert. Die Regionen Denpasar, Badung, Gianyar und Tabanan haben sich im Jahr 2001 zu einer gemeinsamen Abfallentsorgung zusammengeschlossen (SARBAGITA). Das Unternehmen ist dem Gouverneur von Denpasar und den entsprechenden Bezirksregierungen unterstellt. Die Deponie umfasst (inkl. PT NOEI) etwa 39 ha. Etwa 85 % bis 90 % der Fläche sind mit Siedlungsabfällen bedeckt, das entspricht etwa 500.000 m^3 (eigene Recherchen vor Ort). Den Angaben des PDD zum Projekt nach (Executive Board, 2007), werden täglich (Stand 2007) etwa 800 Mg Abfall angeliefert. Es wird damit gerechnet, dass durch die Umsetzung des Abfallwirtschaftsgesetzes die Abfallanliefermengen dramatisch steigen werden. PT NOEI bekam 10 ha im Südwesten der Deponie zugesprochen, wovon etwa 6 ha den GALFAD Installationen zur Verfügung stehen sollen (eigene Recherchen vor Ort).

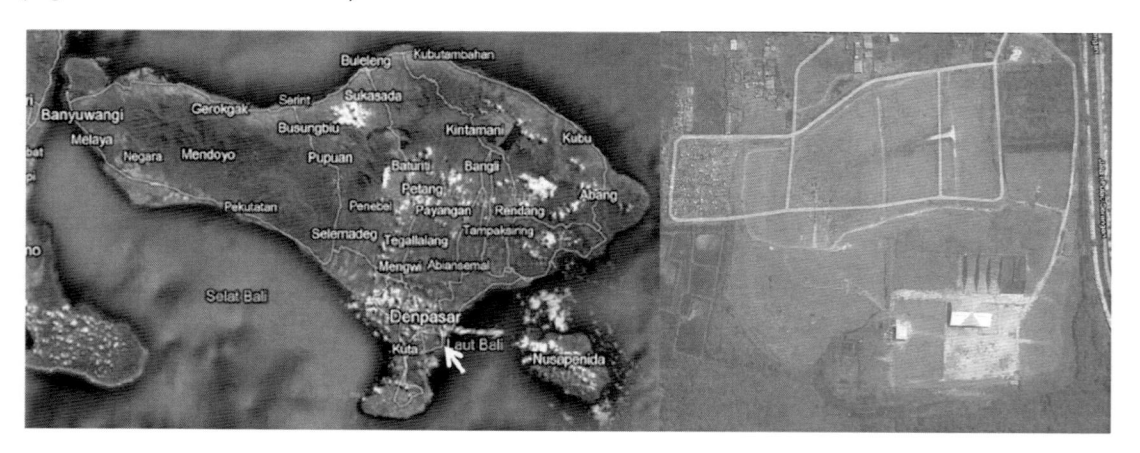

Abbildung 32: Lage und Übersicht der Deponie TPA SUWUNG

6.2.1 Konzeption und Vorhaben nach dem PDD

Im Folgenden werden die relevanten Informationen aus dem PDD von 2007 des als Großprojekt klassifizierten CDM-Projektes PT NOEI dargestellt.

Darstellung der Projektaktivitäten und der verwendeten Technologie

Das Projekt PT Navigat Organic Energy Indonesia wurde am 20. Mai 2007 bei der UNFCCC registriert. Projektentwickler ist PT NOEI, Indonesien. Projektinvestor ist Mitsubishi UFJ

Securities Co., Ltd (MUS), Japan. PT NOEI stellt eine Joint Venture zwischen PT Navigat, dem offiziellen indonesischen Vertreter vor GE Jenbacher (Österreich) und Organics Group plc (UK) dar. PT Navigat verfügt über langjährige Erfahrungen im indonesischen Energiemarkt, Organics Group plc ist im Umweltschutz, speziell im Bereich Abfallwirtschaft, sowie der Energiegewinnung tätig. Der Projektablauf wurde in 4 Phasen gegliedert (Executive Board, 2007):

Phase I: Installation eines Deponiegasleitungssystems; das abgeleitete Gas wird verbrannt. Die Arbeiten haben in im Mai 2007 begonnen.

Phase II: Installation eines 2.0 MW Generators um Energie aus dem Deponiegas zu gewinnen. Der Start der Arbeiten war im Jahr 2008.

Phase III: Diese Phase sollte im August 2009 beginnen. Bau einer Pyrolyse Anlage zur Energiegewinnung.

Phase IV: Erweiterung der Pyrolyse Anlage und Bau einer Vergärungsanlage. Die Anlagen sollen das Aufnahmevermögen der Deponie verdoppeln und die Energiegewinnung verdreifachen (Executive Board, 2007).

Bezüglich des Beitrags des Projektes zur nachhaltigen Entwicklung des Landes werden folgende Aussagen gemacht: Die Nutzung des organischen Materials zur Energiegewinnung erhöht den Anteil von erneuerbarer Energien im Zuge der Energiegewinnung. Die negativen Einflüsse der Deponie auf ihre Umgebung werden gemindert. Gesundheitsrisiken werden gesenkt. Das Projekt führt zu einer Minderung der Methankonzentration der Atmosphäre sowie einer Senkung des Risikos von Feuern und Explosionen auf der Deponie. Durch den CDM wird neue, in Indonesien bisher nicht genutzte Technologie angewandt (Executive Board, 2007).

Im Rahmen der Umweltverträglichkeitsprüfung der Projektaktivitäten werden auch negative Auswirkungen benannt. Durch den Bau der geplanten Anlagen kann es temporär zu einer Verschlechterung der regionalen Luftqualität kommen. Durch den Betrieb eines oder mehrerer Generators / en, werden dauerhaft Abgase in die Atmosphäre freigesetzt.

Im PDD wird die Art der geplanten Technologie speziell erläutert. Es soll eine Abfallsortierung für angelieferte Abfälle eingeführt werden. Der Abfall soll manuell und durch Siebtrommeln nach organischen und anorganischen Anteilen getrennt werden. Die Pyrolyseanlage soll das Abfallvolumen erheblich reduzieren und den Energiebedarf der Anlage komplett decken. Zur Absaugung des Deponiegases durch ein Deponiegasleitungssystem ist zunächst eine Abdeckung der abgelagerten Abfälle notwendig. Durch Verbrennung des Deponiegases kann weitere Energie gewonnen werden, welches partiell in das örtliche Stromnetz eingespeist werden kann. Der Bau einer Vergärungsanlage führt zu einer Volumenreduktion des organischen Materials. Zudem wird durch die Nutzung des dabei entstehenden Gases wieder Energie gewonnen. Zur Verbrennung des Deponiegases werden Generatoren von Jenbacher auf dem Gelände untergebracht (Executive Board, 2007).

Der Projektbeginn war im Mai 2007. Die erste Kreditierungsperiode wird 7 Jahre dauern. Bis zum Ende dieser Periode werden jährliche Emissionseinsparungen von 123.423 Mg CO_2-Äqu. prognostiziert.

Abbildung 13 (Privatfoto) veranschaulicht den Aufbau des Projektgebietes.

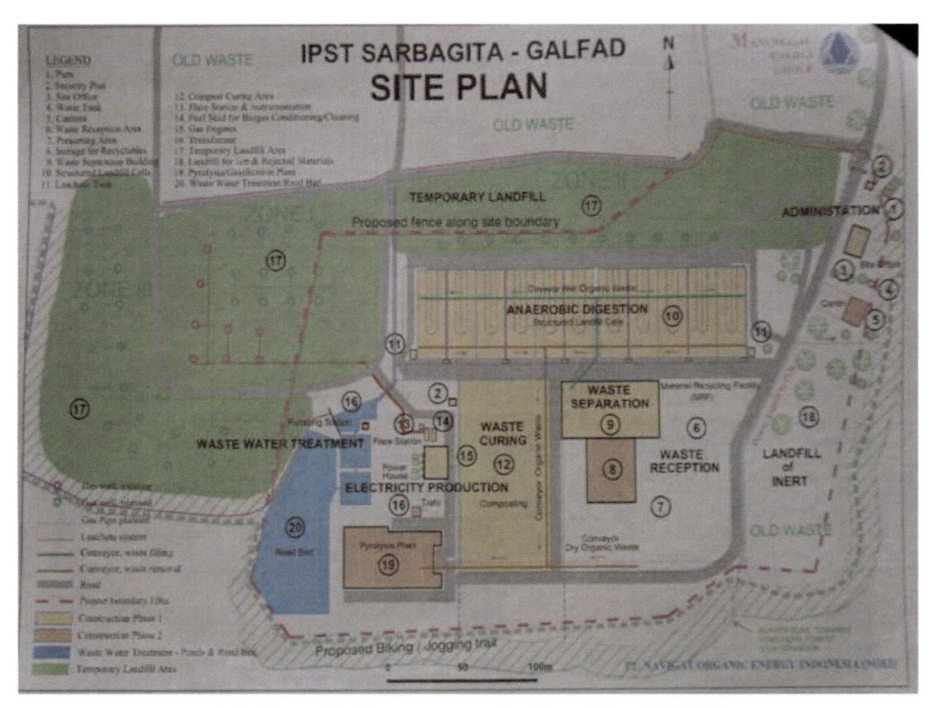

Abbildung 33: Übersicht zum Projektgebiet PT NOEI

Darstellung der gewählten Sektoren und Methoden

Das Projekt wird den Sektoren 1: Energieproduktion und 13: Abfallwirtschaft zugerechnet. Zur Umsetzung des Projektes werden 3 Methoden verwendet. Diese sind AM0025: Vermeidung von Emissionen aus organischen Abfall durch eine alternative Abfallbehandlung, ACM0001: Konsolidierte Methode zu Maßnahmen im Bereich Deponiegas und AMS-I.D.: Netzverbundene Energieproduktion aus erneuerbaren Rohstoffen. Die Projektdatenblätter sind in Anhang 11 hinterlegt.

AM0001: Das Baselineszenario dieser Methode geht davon aus, dass bei der Behandlung von Abfällen generell H-FCKW entstehen. Bei der Ablagerung der Abfälle entstehen FKW, welche ungenutzt und ungehindert in die Atmosphäre entweichen. Das Projektszenario sieht vor, dass das bei der Ablagerung entstehende Gas unter Zugabe fossiler Energie (Erdgas, Kohle u. ä.) verbrannt wird. Hierbei werden geringe Mengen CO_2 freigesetzt. Die ungehinderte Freisetzung großer Mengen von FKW wird jedoch vermieden (UNFCCC, 2010).

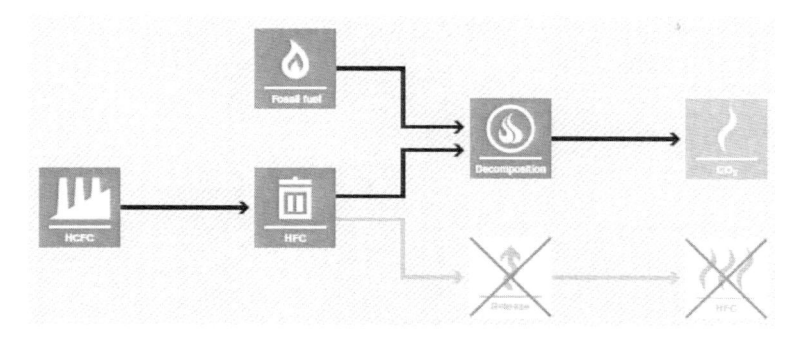

Abbildung 34: AM0001 - Projektszenario

AM0025: Die Ausgangslage wird wie folgt beschrieben: Entstandene Abfälle werden unbehandelt abgelagert. Während der Lagerung entsteht Deponiegas, welches ungehindert entweichen kann. Es werden große Mengen Methan (CH_4) freigesetzt. Das Projektszenario sieht vor, das bisherige Verfahren einzustellen und die heizwertreiche Fraktion zu verbrennen. Zudem soll organisches Material kompostiert werden, wobei auch ein anaerober Abbau möglich ist (UNFCCC, 2010).

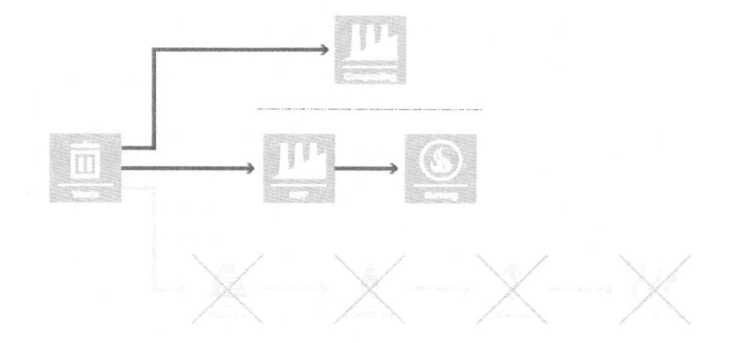

Abbildung 35: AM0025 - Projektszenario

AMS-I.D.: Das Baselineszenario geht von der Verbrennung fossiler Stoffe zur Produktion von Elektrizität aus, welche in das regionale Stromnetz eingespeist wird. Bei der Verbrennung entstehen große Mengen CO_2, die ungehindert in die Atmosphäre entweichen. Das Projektszenario sieht vor, die Nutzung fossiler Brennstoffe einzustellen, stattdessen soll auf eine Elektrizitätsproduktion auf Basis erneuerbarer Brennstoffe bzw. alternative Energien umgestellt werden. Die Freisetzung von CO_2 wird so vermieden (UNFCCC, 2010).

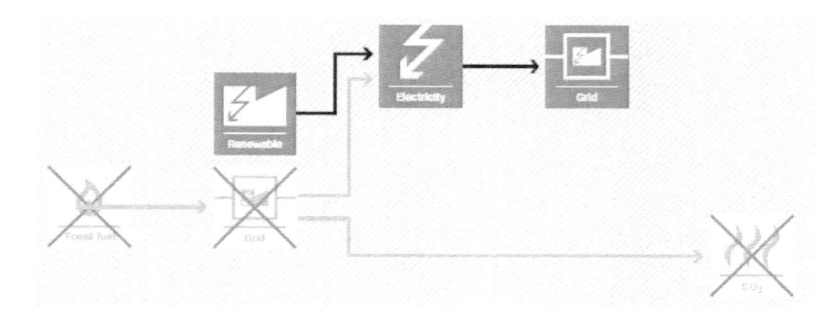

Abbildung 36: AMS-I.D. - Projektszenario

Im PDD wird die Wahl der Methoden wie folgt begründet (Executive Board, 2007): Methode AM0001 ist gerechtfertigt, da aufgefangenes Deponiegas verbrannt und zur Energieerzeugung genutzt wird. So können andere Brennstoffe, welche schädliche Emissionen freisetzen, ersetzt und die Freisetzung weiterer Treibhausgase durch Abbauprozesse während der Deponierung gemindert werden. Methode AM0025 ist passend, da das Projekt eine Kombination aus einer anaeroben Behandlung der Abfälle, Deponiegasnutzung und einer Pyrolyseanlage vorsieht. Das Restmaterial wird einem Vergärungsprozess und folgend einer Kompostierung zugeführt. Restabfälle der Pyrolyse werden auf der Deponie abgelagert. Aufgrund der für die Energieproduktion geeigneten Zusammensetzung der vorhandenen Abfälle, nutzt das Projekt dieses Potenzial und wird Elektrizität durch Verbrennung des Deponie- und Biogases (aus der Vergärungsanlage) und des bei der Pyrolyse entstehenden Gases erzeugen. AMS-I.D. stellt eine Methode für Kleinprojekte dar. Die Wahl wird damit begründet, dass das Projekt hinsichtlich seiner Elektrizitätsproduktion unter 15 MW (angegeben werden 9.6 MW) als Kleinprojekt klassifiziert werden kann.

Begründung zur Notwendigkeit des CDM-gestützten Projektvorhabens

Zur Begründung der Notwendigkeit werden verschiedene alternative Referenzszenarien (Baselines) beschrieben, deren Eintreten bei Nicht-Durchführung des Projektes möglich ist. Im PDD zu PT NOEI werden folgende Szenarien betrachtet (Executive Board, 2007): Szenario A geht von der Weiterführung der Ausgangssituation aus, das bedeutet, Abfälle werden unbehandelt abgelagert und Treibhausgase können ungehindert in die Atmosphäre entweichen. Szenario B beschreibt die Durchführung der geplanten Vorhaben (wie im PDD beschrieben) ohne Beteiligung des CDM. Szenario C sieht die Sammlung und Verbrennung des Deponiegases zur Elektrizitätsproduktion vor.

Das in Szenario C geplante Vorgehen ist nicht wirtschaftlich und wird deswegen verworfen. Die Erträge aus dem Verkauf der durch die Absaugung des Deponiegases gewonnenen Elektrizität können die Investitionen für einen Generator und den Aufwand für die Installation eines Rohrsystems zur Absaugung nicht auffangen. Zudem verfügt Indonesien nicht über das notwendige Fachwissen zum Aufbau und Betrieb eines solchen Systems. Szenario B wird verworfen. Nach Meinung der Projektentwickler fehlt das notwendige Fachwissen zur Installation eines solchen Systems. Zudem wäre das Vorhaben nicht wirtschaftlich.

Als Baseline verbleibt somit Szenario A. Die ungeordnete Ablagerung unbehandelter Abfälle wird unverändert weitergeführt. Die Projektaktivitäten erfüllen somit das Kriterium der Zusätzlichkeit, durch eine Reduktion der Treibhausgasemissionen.

6.2.2 Stand der Projektarbeit im Juli und August 2011

Die Untersuchungen fanden von Juli bis August 2011 vor Ort statt. Im Folgenden werden die Ergebnisse und zentralen Erkenntnisse dargestellt:

Situation der Abfallsammlung und -entsorgung

Von der Regierung werden in großen Städten einige Abfallcontainer aufgestellt, die jedem zur Verfügung stehen. Zusätzlich stehen an Straßenecken / -kreuzungen kleinere, immobile, öffentliche Abfallsammelbehälter ohne Abdeckung (max. 1 m^3). Ansonsten wird der häusliche Abfall in Flechtkörben, kleinen Metallkübeln oder Abfalleimern aus Plastik gesammelt. Diese werden täglich auf die Straße gestellt. Klassische, europäische Abfallbehälter für Parks und Straßen sind eher die Ausnahme und nur in Städten vorhanden. Eine Abfallsortierung ist generell nicht vorgesehen. Allerdings werden in der Stadt Wertstoffe durch Abfallsammler (Waste Picker) aus den auf der Straße stehenden Behältern aussortiert und verkauft. In kleineren Straßen und entlegeneren Gegenden werden private Entsorger engagiert. Diese sortieren bei der Sammlung ebenfalls Wertstoffe zum Weiterverkauf aus. Auf den Deponien leben und arbeiten Waste Picker und sortieren weitere Wertstoffe aus. Wertstoffe sind in erster Linie PET-Flaschen, Pappe und Metall, daneben Plastiktüten, Reifen und Glas.

Tatsächlich scheint die Abfallentsorgung in der Stadt zu funktionieren. Außerhalb der Städte ist es die Regel, dass der tägliche häusliche Abfall auf dem Fußweg gegen Abend angezündet wird. Zudem scheinen der Begriff und die Bedeutung einer nachhaltigen Abfallentsorgung noch nicht bei der Bevölkerung angekommen zu sein. Abfall wird in ländlichen Gebirgsregionen an Hängen abgekippt oder vergraben. Die Kosten der Abfallsammlung und -entsorgung überschreiten oftmals die Möglichkeiten der Bezirksregierungen.

Deponien sind mangelhaft bis gar nicht abgedichtet. Eine ordentliche, nachträgliche Deponieabdichtung nach westlichem Standard ist praktisch unmöglich. Sickerwasser und Deponiegas können trotz veränderter Gesetzeslage in den meisten Fällen ungehindert entweichen. In privaten und Pilotprojekten wird versucht, diese Mängel zu beseitigen und neue Verwertungstechniken zu prüfen.

Stand der Projektdurchführung

Nach Aussage der Deponieleitung ist Organics Group plc aus den Projektaktivitäten ausgestiegen. Informationen zum Grund und zu neuen Projektpartnern waren nicht zu erhalten. PT NOEI hat etwa 33 dauerhafte Angestellte. Aushilfskräfte werden nach Bedarf angestellt. Die Deponie ist in den letzten Jahren etwa zu 60 % abgedichtet worden Zum Mangrovenwald existiert ein Damm und eine Abdichtung unbekannter Art. Dennoch dringt Sickerwasser in die Wälder ein, was zudem durch einen sehr hohen Grundwasserspiegel (~ 1 m) und die Gezeiten verstärkt wird. Auf der Deponie selbst sind große Teile abgedeckt, eine Abdichtung nach unten soll teilweise bestehen. Insgesamt verfügt die Abdichtung über viele undichte Stellen (Löcher), so dass hier noch Optimierungspotenzial besteht. Auf der gesamten Deponie tritt Sickerwasser aus den abgelagerten Abfällen aus. Ein Grund hierfür ist die vorhandene, jedoch unterdimensionierte Sickerwasseranlage vor Ort. Das entstehende Deponiegas wird zum Teil abgesaugt, allerdings lagen keine aktuellen Pläne zum Leitungssystem vor. Das Rohrnetz wird kontinuierlich erweitert. Eine Deponiegasabsauganlage entzieht dem Gas das Wasser und leitet es weiter zur Verbrennung. Hierfür stehen zwei Motoren der österreichischen Firma Jenbacher zur Verfügung, von denen während des Aufenthalts nur ein Motor genutzt wurde. Dieser produzierte zwischen 850 kWh bis 900 kWh. Der Methangehalt schwankte zwischen 31 % und 41 %. Die Erlöse aus der Netzeinspeisung des produzierten Stroms decken die Fixkosten der Anlage. Nach Aussage der Deponieleitung wird die Netzeinspeisung mit 685,9 IDR/kWh vergütet. Zur Abdeckung der Fixkosten der Deponie ist eine Stromproduktion von 450 kWh notwendig, dies entspricht 308.655 IDR/Std., dementsprechend 7.407.720 IDR/Tag. Der Betrag entspricht rund 618 Euro/Tag (1 EUR ~12.000 IDR). Zeitweise entstehen Überschüsse, welche in den Ausbau des Deponiegasleitungssystems investiert werden. Bei 850 kWh ergibt sich ein Überschuss von über 400 kwh, dies ergibt etwa 548 EUR/Tag. Es existieren Pläne für eine Anlage zur Pyrolyse, jedoch hat der Bau aufgrund von Finanzierungsschwierigkeiten noch nicht begonnen.

Am Rande der Deponie leben 600 bis 1000 Abfallsammler unterhalb der Armutsgrenze. Ihnen gehören unzählige Balirinder, welche auf der Deponie weiden.

PT NOEI stellte zum Zeitpunkt des Aufenthalts den Bau der Vergärungszellen fertig. Geplant waren zunächst fünf offene Zellen aus Stahlbeton à 10.000 m^3, welche nach fehlgeschlagenen Vergärungstestläufen unterteilt wurden. Nun existieren 10 Zellen à 5.000 m^3.

Im August 2011 war bei allen 10 Zellen die Front errichtet, 2 Zellen waren komplett fertiggestellt, bei den restlichen 8 wurden noch Arbeiten an der Decke vorgenommen. Alle Zellen haben Innenmaße von etwa (B/H/T) 10/10/50 m. Die Fenster der Zellen dienen der

Befüllung und sollen während des Vergärungsprozesses luftdicht abgeschlossen werden. Das entstehende Gas soll mittels zweier Rohre abgesaugt und in das Deponiegasleitungssystem eingeleitet werden. Durch einen Abfluss wird das entstehende Perkolat gesammelt und durch ein Leitungssystem mit Pumpe von oben wieder auf den vergärenden Abfall gesprenkelt. Bei Bedarf wird Wasser zugeführt. Auf diese Weise soll die Vergärung optimiert werden.

Abbildung 17 (Privatfoto) stellt die Vergärungszellen dar:

Abbildung 37: Zellen zur anaeroben Vergärung auf PT NOEI

Während des Aufenthalts wurde eine Zelle befüllt. Der Befüllungsstand der Zelle lag bei Ankunft bei max. ¼, die Befüllung lief seit 23 Tagen (Beginn 03. Juli 2011). Am 24. August war die Zelle etwa zu ¾ gefüllt. Mitte August wurde deutlich, dass im hinteren Teil der Zelle zumindest aerobe Abbauprozesse ablaufen. Im Rahmen der Forschungsarbeiten konnte durch Abfallanalysen des in die Zelle eingebrachten Materials festgestellt werden, dass sich der organische Anteil auf etwa 80 % beläuft. Problemabfälle sind kaum festzustellen. Wertstoffe sind offensichtlich größtenteils vorher aussortiert worden. Laboruntersuchungen ergaben für das Inputmaterial durchschnittlich einen Glühverlust von 72 % und eine Gasbildungsrate (GB 21) von 259,5 l je kg Trockensubstanz.

Die Zellen sollen zu 90 % mit organischen Abfällen gefüllt werden, dies entspricht 4.500 m^3. Es wird davon ausgegangen, dass der verdichtete Abfall in der Zelle eine Dichte von 0,5 Mg / m^3 besitzt. Daraus folgend werden etwa 2.250 Mg Abfall in einer Zelle eingelagert. Während der Recherchearbeiten wurde deutlich, dass die Zellen nicht als Vergärungszellen im eigentlichen Sinne genutzt werden, sondern als Structured Landfill Cells (SLC). Organische und anorganische Abfälle werden unsortiert abgelagert. Ziel ist eine kontrollierte Gasbildung und -absaugung. Ursprünglich war eine Sortierung der eingehenden Abfälle nach anorganischem und organischem Material vorgesehen. Hierfür steht eine überdachte, zu den Seiten offene Material Recovery Faciltiy (MRF) mit etwa 2.300 m^2 zur Verfügung, welche ein Betriebsgebäude und eine Sortieranlage beinhaltet. Es existieren drei parallel laufende Linien von etwa 40 m Länge, die jeweils über 28 Sortierplätze verfügen. Die MRF bleibt vorerst, wie auch vorhandene Siebtrommeln, ungenutzt. Gründe hierfür sind fehlende, qualifizierte Arbeitskräfte und zu hohe Betriebskosten.

Die Erfassung der gesamten Anlieferungsmenge auf TPA SUWUNG ist nicht möglich, da nur das Projektgelände PT NOEI über eine Waage verfügt. Hier werden täglich etwa 1.000 Mg Abfall angeliefert. Das Konzept der Deponie TPA SUWUNG sieht vor, dass die Regionen Tabanan, Denpasar, Gianyar und Badung ihre gesamten Abfälle dort anliefern. Die Anlieferung der Abfälle ist kostenlos. Die Anliefernden können frei zwischen den Deponien entscheiden. Die Regionen verfügen jedoch noch über eigene Deponien, zudem übersteigen die Sammlung und der Transport der Abfälle die finanziellen Möglichkeiten der Regionen. Der mangelnde Ausbau des Straßennetzes in ländlichen Gebieten und das hohe Verkehrsaufkommen erschweren einen Transport. Aufgrund der Messdaten auf PT NOEI kann festgehalten werden, dass Gianyar derzeit keine Anlieferungen tätigt, während Badung und Tabanan nur vereinzelt anliefern.

6.3 Bewertung des CDM am Beispiel des Projektes PT NOEI

Die Auswertung des CDM erfolgt nach den in Kapitel 4 vorgestellten Kategorien und Indikatoren. Da das Projekt noch nicht abgeschlossen ist und keine umfangreichen Messdaten vorliegen, stellt dies nur eine vorläufige Bewertung dar, die auf den Erkenntnissen des Forschungsaufenthalts und den daraus resultierenden Einschätzungen beruht.

Es ist zu beachten, dass diese Bewertung nur für das Projektgebiet PT NOEI gilt. Auf dem restlichen Teil der Deponie TPA SUWUNG wird die Deponierung wie gehabt, nach den Vorgaben der Regierung, weitergeführt. Es liegen keine Informationen zum dortigen Vorgehen oder zukünftigen Entwicklungen hinsichtlich der Abfallbehandlung und -ablagerung vor. Es lässt sich schon im Vorfeld festhalten, dass der Umstand, dass nur ein Teil der Deponie zum dem Projektgebiet gehört, dazu beiträgt, dass auf PT NOEI getroffene Maßnahmen nicht umfassend wirken können.

Ökologische Kriterien:

Wasserqualität und -quantität: Es gibt keine Hinweise darauf, dass durch das Projekt die Wasserquantität verändert wird. Die Wasserqualität wird sich erst nach erfolgreicher und vollständiger Abdichtung des Deponiegeländes verbessern. Die Abfallzusammensetzung weist nur einen geringen Anteil an Schad- oder Problemstoffen auf, somit ist die Wasserbelastung vorwiegend organischer Art. Aufgrund der Erfahrungen vor Ort ist zu bezweifeln, dass eine vollständige Abdichtung der Deponie nach unten möglich ist. Die Nähe zum Meer lässt den ohnehin niedrigen Grundwasserspiegel durch den Tidenhub schwanken.

Es ist kaum zu verhindern, dass Sickerwasser in das Grundwasser eintritt. Die seitliche Abdichtung zum Mangrovenwald scheint nicht funktionstüchtig. Die unterdimensionierte Sickerwasseranlage leistet keinen Beitrag zur Erhöhung der Wasserqualität. Durch die Lage der Deponie gelangen ganz offensichtlich auch Schadstoffe, zumindest über das Grundwasser, ins offene Meer. Messdaten liegen nicht vor. Der Beitrag des Projektes zur Erhöhung der Wasserqualität ist minimal.

Luftqualität: Durch den Betrieb der Motoren zur Elektrizitätsgewinnung, werden laut PDD Schadstoffe durch die dabei entstehenden Abgase in die Atmosphäre gelangen. Während der Bauarbeiten zu den SLCs und der MRF entstehen temporär weitere Emissionen wie Feinstaub. Das Deponiegasabsaugsystem und die Abdeckung der abgelagerten Abfälle können enorme Emissionen vermieden werden (123.423 Mg CO_2-Äqu. / a). Durch die kontrollierte Vergärung und die Abdeckung der Abfälle werden zudem unangenehme Gerüche vermieden. Allerdings wurden während des Aufenthalts größere Mengen von unbekanntem Material kontrolliert auf offener Fläche verbrannt. Dies verursacht zusätzliche, schädliche Emissionen. Insgesamt haben die Projektaktivitäten einen positiven Effekt auf die unmittelbar betroffene Umgebung (Minderung der gesundheitlichen Risiken der Bevölkerung). Die tatsächlich erreichten Emissions-minderungen sind noch abzuwarten, werden jedoch in jedem Fall einen wertvollen Beitrag zum Klimaschutz darstellen.

Qualität des Bodens / des Erdreiches: Die Beurteilung des Bodens ähnelt der der Wasserqualität. Sie ist abhängig von der Qualität der vorgenommenen Deponieabdichtungen. Durch die jahrzehntelange, ungeordnete Ablagerung der Abfälle und der damit zu erwartenden schlechten Bodenqualität, leistet eine Abdichtung der Deponie keinen essentiellen Beitrag zur Verbesserung des Zustandes. Durch den Bau der Vergärungszellen, der Sortieranlage, dem Betriebsgebäude für die Motoren und des Verwaltungsgebäudes sind einige Flächen versiegelt worden. Es liegen keine Messdaten vor. Der Beitrag des Projektes zur Erhöhung der Bodenqualität ist als gering zu bewerten.

Sonstige Verschmutzungen: Die Abdichtung der Deponie wird verhindern, dass Abfälle durch Verwehungen außerhalb des Projektgebietes gelangen. Dies ist positiv zu werten.

Biodiversität: Zur Erweiterung der nutzbaren Fläche wurde während des Aufenthalts Gebüsch entfernt. Der geschützte Mangrovenwald um die Deponie ist direkt von sickerwasserdurchfluteten Grund- und Meerwasser umgeben. Die Auswirkungen auf die Biodiversität durch das Projekt können aufgrund von unzureichenden Informationen zur regionalen Flora und Fauna nicht beurteilt werden.

Soziale Kriterien:

Beschäftigung: Laut Betriebsleiter hat PT NOEI 33 Mitarbeiter mit einem dauerhaften Arbeitsverhältnis. Die Arbeitsbedingungen entsprechen den staatlichen Vorgaben. Bei Bedarf werden zusätzliche Arbeitskräfte tages-, wochen- oder monatsweise angestellt. Hierbei wurden Arbeitsplätze mit unterschiedlichen Anforderungsprofilen geschaffen. Frauen sind in der Verwaltung tätig. Die Mitarbeiter verdienen über dem staatlichen Mindestlohn. Durch die Bauarbeiten können temporär viele Arbeitsplätze geschaffen werden, jedoch liegen keine Informationen zu den Arbeitsbedingungen und der Entlohnung vor. Die Bedingungen entsprechen den regionalen Gegebenheiten. Die Sortierung der Abfälle vor Einführung in die Vergärungszellen sollte ursprünglich durch auf der Deponie lebende Waste Picker erfolgen. Diese sollten den staatlichen Mindestlohn erhalten und tageweise angestellt werden. Da eine Sortierung auf absehbare Zeit nicht mehr erfolgen wird, werden keine weiteren Arbeitsplätze geschaffen. Das Projekt hat jedoch insgesamt einen positiven Effekt auf die Beschäftigung. Durch eine Inbetriebnahme der Sortierungsanlage könnten weitere Arbeitsplätze geschaffen werden.

Lebensumstände der Armen: Die Beurteilung dieses Indikators ist komplex. Die 600 bis 1000 Waste Picker auf der Deponie leben vom Verkauf der gesammelten Wertstoffe. Ihre Rinder weiden auf der Deponie, die Schweine werden mit organischen Abfällen gefüttert. Die Abdeckung der Deponie nimmt die Futtergrundlage für die Tiere und behindert bei der Sammlung der Wertstoffe. Durch die Deponieleitung ist langfristig eine Bepflanzung der abgedichteten Deponie geplant. Inwiefern dies einen Futterersatz für Rinder darstellt kann nicht beurteilt werden. Die Waste Picker werden nicht auf der Deponie angestellt, haben also keine monetären Vorteile durch das Projekt. Ob das Projekt PT NOEI das Leben von Menschen außerhalb der Deponie nachhaltig berührt oder verbessert, kann nicht geprüft werden. Insgesamt kann man langfristig von einer Verschlechterung der Lebensumstände der Armen ausgehen.

Zugang zu Basisdienstleistungen: Durch das Projekt wird klimaneutrale Energie erzeugt und in das regionale Netz eingespeist. Die Zahl der Menschen mit Zugang zu Basisdienstleistungen bleibt durch das Projekt unberührt. Es kann nicht beurteilt werden, ob die Zahl der Menschen mit Zugang zu Bildung erhöht wird. Da das Bildungssystem in Indonesien kostenpflichtig ist, trägt unter Umständen jede vergütete Anstellung dazu bei, dass Angehörige (Kinder) eine Schule oder Universität besuchen können. Eine abschließende Beurteilung ist nicht möglich.

Human Capacity: Im Rahmen der Validierung des Projektes wurde eine Öffentlichkeitsbeteiligung vor Ort durchgeführt. Insgesamt wurde das Vorhaben 75 Personen vorgestellt, welche ihre Meinung äußerten (Executive Board, 2007). Dem PDD ist zu entnehmen, dass die Reaktionen überwiegend positiv waren. Die politische Struktur Indonesiens rechtfertigt die Annahme, dass die Meinung der Öffentlichkeit keine große Relevanz zu Folgeentscheidungen hat. In anderen Fragen dieses Indikators hat das Projekt keine Wirkung. Das Projekt wirkt bezüglich der Human Capacity neutral.

Ökonomische Kriterien:

Beschäftigung: Es wurden 33 dauerhafte Arbeitsplätze in verschiedenen Lohnsektoren geschaffen. Temporär wird im Zuge der Errichtung der Anlagen eine unbestimmte Zahl von zusätzlichen Arbeitsplätzen für eine nicht bekannte Dauer geschaffen. Dies kann positiv gewertet werden.

Makroökonomische Stabilität: Durch die Einspeisung von Energie aus Biomasse in das Stromnetz leistet das Projekt einen kleinen Beitrag zur Unabhängigkeit von fossilen Brennstoffen in der Energieproduktion. Die Umstellung auf erneuerbare und nachhaltige Energie bedeutet langfristig, mit Blick auf Indonesiens begrenzte Erdölressourcen und die steigende Energienachfrage, sinkende Energie- und Rohstoffimporte. Der Beitrag ist damit positiv zu werten, wenngleich die Wirkung gering ist.

Mikroökonomische Effizienz: Nach Aussage der Deponieleitung kann PT NOEI momentan seine Fixkosten durch die Netzeinspeisung des produzierten Stroms decken. Eine Inbetriebnahme der Vergärungszellen und der Ausbau des Deponiegasleitungssystems würden zusätzliche Einnahmen versprechen. Die durch die Deponieleitung vorgelegte Kostenstruktur des Projektes ist intransparent und unvollständig. Über die tatsächlichen Investitionen des Investors Mitsubishi sind keine Informationen vorhanden. Es scheint, dass das Projekt das Potenzial hat, effizient zu arbeiten.

Technologietransfer: Die im PDD aufgeführten Vorhaben übertreffen den allgemeinüblichen Technologiestandard der indonesischen Abfallwirtschaft. Daher ist die Einführung eines solchen Abfallwirtschaftssystems als Transfer von Technologie zu bezeichnen. GE Jenbacher verfügt über weitreichende Erfahrungen in den Bereichen Bio- und Deponiegasgewinnung und der Produktion nachhaltiger Energie durch Gasmotoren (GE Jenbacher, 2012). Der technologische Transfer beginnt mit der Übertragung von Wissen zu den chemischen und biologischen Abbauprozessen von Abfall und deren Wirkung auf die Umwelt und das Klima. Es wird vertieftes Fachwissen zur Energiegewinnung aus Biomasse übertragen. Vor Ort verfügten die leitenden Angestellten über ein ausreichendes Wissen zu den eben genannten Prozessen. Es kann nicht genau überprüft werden, woher sie diese Grundlagen haben. Über Schulungen oder ähnliches ist nichts bekannt. Die gesamte Konzeption der Anlage beruht auf Erfahrungen und Fachwissen seitens der Projektentwickler, welche ebenfalls einen Technologietransfer darstellen. Hierzu zählt im Speziellen die Inbetriebnahme der groß dimensionierten Anlage zur Vergärung. Die ordentliche Abdichtung einer Deponie geht über den allgemein üblichen Standard Indonesiens hinaus. Das Wissen um die Einrichtung der Deponie sowie die Konzeption des Deponiegasleitungssystems kann als technologischer Transfer bezeichnet werden. Ein materieller Transfer wurde durch den Import der Gasmotoren vorgenommen. Der Bau einer Anlage zur Pyrolyse stellt einen Transfer von Wissen und Technologie dar. Ob die transferierte Technologie unter den lokalen Gegebenheiten wirklich handhabbar ist, kann nicht abschließend bestimmt werden. Das Deponiegasleitungssystem scheint gut umsetzbar. Das Fachwissen der Arbeiter ist für den Betrieb und die Handhabung der Motoren ausreichend. Die Vergärungsanlage wurde zu Beginn falsch dimensioniert. Ob die Verkleinerung und Schließung der Zellen zu einem befriedigenden Ergebnis führt, kann nicht beurteilt werden, da noch keine umfassenden Erfahrungswerte vorliegen. Die Zellendimensionierung sowie die langsame Befüllung derselben erscheinen problematisch. Es fand und findet jedoch ein umfassender Technologietransfer, vor allem im Bezug auf Fachwissen zur fachgerechten Behandlung von Abfällen und der Energiegewinnung aus Deponie- und Biogas, statt. Inwiefern dieser Transfer erfolgreich ist, also seinen Zweck auf Dauer erfüllen kann, kann nicht endgültig beurteilt werden. Die festzustellenden - wenn auch geringen - Fortschritte beim Betrieb der Anlage, lassen jedoch einen verhalten optimistischen Ausblick zu.

`Fazit`

Im Fallbeispiel ermöglicht der CDM den Transfer von elementarem Wissen zur Verbesserung der Abfallwirtschaft. Erfahrungen aus dem Projekt können auf andere Deponien übertragen werden. Die Förderung der nachhaltigen Entwicklung ist nicht eindeutig. Eine leichte Verbesserung der ökologischen Kriterien ist vorhanden. Die Situation der Armen könnte durch das Projekt sogar verschlechtert werden. Trotz der Schaffung von Arbeitsplätzen mit differenziertem Anforderungsprofil, findet zumindest langfristig eine Verschlechterung der sozialen Situation statt. Ökonomisch betrachtet ist das Projekt nachhaltig.

Entscheidend erscheint in diesem Fallbeispiel die Lage des Projektgebietes. Es wird von der Deponie TPA SUWUNG umgeben, welche nicht Teil der Projektaktivitäten ist, daher auch nicht Maßnahmen wie PT NOEI ergreift. Die dortige Verfahrensweise be- und verhindert positive Wirkungen der Projektaktivitäten auf PT NOEI. Das Projekt PT NOEI kann seinen Beitrag zu Minderung der Emissionen leisten und wertvolle Erfahrungswerte für andere Deponien weitergeben. Eine positive Wirkung auf die direkte Projektumgebung, vor allem in Fragen des Umweltschutzes, wird durch TPA SUWUNG verhindert.

7 Zukunft des CDM und sektorale Ansätze

Während bei der Einführung des Mechanismus für umweltverträgliche Entwicklung Investoren noch zögerlich agierten, steigt die Zahl der Neuregistrierungen mittlerweile stetig an. Ein Indiz, dass der Mechanismus angenommen wurde. Es gibt jedoch eine Vielzahl kritischer Stimmen der Klimapolitik, welche eine Verbesserung und Weiterentwicklung des CDM fordern, da dieser seine grundlegenden Ziele verfehle. In diesem Kontext werden sektorale Marktmechanismen diskutiert. Es existieren viele differenzierte Entwürfe, welche aktuell in Studien, der EU und der UNFCCC erörtert werden.

Nachstehend wird zunächst auf die Kritik zum CDM und seiner Zukunft eingegangen. Folgend wird ein Verständnis der grundlegenden Konzepte sektoraler Ansätze vermittelt und diskutiert werden.

7.1 Kritische Würdigung des CDM

Der CDM war der erste Mechanismus seiner Art auf internationalem Niveau. In vielen Gastländern konnten Projekte mit enormen Treibhausgasminderungen verzeichnet werden, zudem trug er Anteil am steigenden Umweltbewusstsein in Schwellen- und Entwicklungsländern (Sterk, 2008).

Kritiker sehen den CDM in seiner Struktur problematisch. Sein Nutzen als Finanzierungsinstrument genauso wie seine Umweltverträglichkeit und sein Beitrag zur nachhaltigen Entwicklung des Gastlandes werden angezweifelt.

Anreizproblematik

Die Generierung von CER erfordert hohe Investitionskosten, welche vorwiegend zu Beginn der Projektaktivitäten entstehen. Mit zunehmender Projektdauer (inklusive Projektplanung, Registrierungsprozess und Durchführung) und investitionsbedingter Unsicherheit besteht ein steigendes Risiko über die tatsächliche Höhe der Emissionsminderungen und damit auch über die Zahl der potenziell generierbaren Zertifikate. Die Preisspanne zwischen den hypothetischen CER eines risikoreichen Projektes in Planung und den tatsächlich ausgeschütteten CER beträgt bis zu 8 Euro, bei einem Maximalpreis von 16 Euro (Sterk, 2008). Zusätzlich werden die hohen Transaktionskosten für CDM-gestützte Projekte kritisiert. Aufgrund des überdurchschnittlichen Risikos bei der Implementierung eines Projektes verweigern Banken oftmals einen Kredit, wodurch viele Projekte nicht realisiert würden. Der CDM sollte als marktbasiertes Instrument die Privatwirtschaft zu Investitionen in Emissionsminderungsprojekte mobilisieren. Der Preis der CER ist in vielen Projekten jedoch zu gering, so dass der Ertrag den IRR nur minimal übersteigt. Die Investition in solche CDM-Projekte ist unattraktiv. Die Privatwirtschaft investiert bevorzugt in Staaten mit einer stabilen politischen Lage und einem hohen Potenzial an Emissionsminderungen, wie Indien,

Brasilien, China und Mexiko. Über dreiviertel aller registrierten und validierten Projekte liegen in diesen Staaten.

Es zeigt sich, dass Sektoren mit einer hohen Zahl an kleinen Privatunternehmen, wie dem Transportsektor, und einer intransparenten Datenlage, unattraktiver für Investoren sind als Sektoren mit einer geringen Zahl von Unternehmen, welche eventuell sogar unter staatlicher Aufsicht stehen (Energieproduktion). Der CDM bietet für solche „unattraktiven" Sektoren wie den Transportsektor keinen Anreiz für klimapolitisches Umdenken (Sterk, 2008).

Kritik zur Umweltverträglichkeit des CDM

Die Intention des CDM ist eine Senkung der emittierten Treibhaushase. Für das weltweite Klima ist es gleichgültig, wo diese Reduktion durchgesetzt wird. Viele Kritiker bemängeln jedoch, dass der CDM Unternehmen in Industriestaaten nicht ausreichend zu umfangreichen Maßnahmen zur Minderung ihrer Emissionen drängt. Industriestaaten setzen die Minderung in Schwellen- und Entwicklungsländern um und generieren dort die notwendigen CER. Potenziell durchführbare Minderungen in Industriestaaten würden so ungenutzt bleiben.

Zentraler Kritikpunkt ist der Zweifel an der Erfüllung des Kriteriums der Zusätzlichkeit bei registrierten und laufenden Projekten. Schätzungen gehen davon aus, dass bis zu 40 % der registrierten Projekte das Kriterium nicht erfüllen und etwa 20 % der generierten CER aus solchen Projekten stammen (Schneider, 2007). Das Baselineszenario beschreibt einen hypothetischen Business-as-usual-Zustand. Eine durch den CDM erwirkte Minderung kann in den meisten Fällen nicht eindeutig durch quantitative Daten gegenüber dem Baselineszenario bestimmt werden, da dieses einen hypothetischen Projektverlauf beschreibt zu dem keine Daten existieren können. Je höher die Baseline gesetzt wird, dementsprechend je höhere Emissionen vorherrschen, desto mehr CER können generiert werden. Industriestaaten investieren dort, wo der höchste Ertrag zu erwirtschaften ist. Dies verhindert, dass Schwellen- und Entwicklungsländer selbstständig Maßnahmen zur Senkung ihrer Emissionen ergreifen, da ein Herabsetzen der Baseline, zu weniger Investitionen in Rahmen des CDM führen würde. Abbildung 38 verdeutlicht den Effekt (eigene Darstellung).

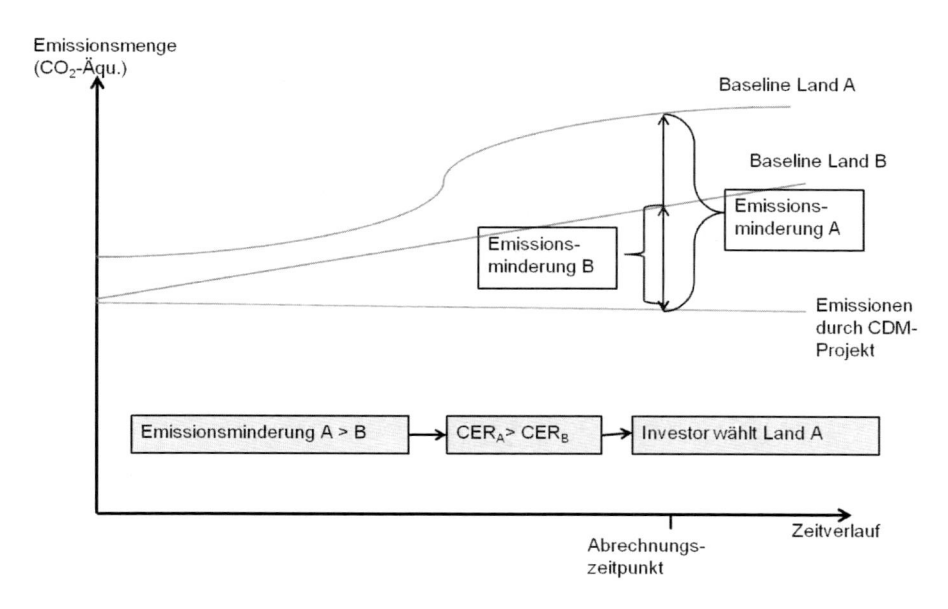

Abbildung 38: Abhängigkeit der Investorentscheidung von der Baseline des Gastlandes

Die Vielzahl der notwendigen Annahmen zum Projektverlauf im PDD können leicht durch Projektentwickler zu Manipulationen bezüglich des IRR oder der Emissionsminderungen genutzt werden. Gutachter sind meist nicht in der Lage falsche Angaben zu widerlegen. Hierzu wird der Vorschlag diskutiert, CER nicht je einem Mg CO_2-Äqu. zu vergeben, sondern den Wert für ein CER zu erhöhen. Um dieselbe Menge an Zertifikaten generieren zu können, müsste die Emissionsreduktion in vielen Projekten erhöht werden. Dieser Schritt würde jedoch Projekte, welche das Kriterium der Zusätzlichkeit erfüllen deutlich benachteiligen. Ein anderer Vorschlag ist ein Wechsel von einer bottom-up Vorgehensweise zu einem top-down Herangehen. Anstatt die Reduktion zu einem hypothetischen Baselineszenario zu wählen, sollten andere, objektive Kriterien, welche im Zusammenhang mit der implementierten Technik stehen, gewählt werden, wie etwa ein Benchmark für CO_2-Reduktionen durch die angewandte Technik (Schneider, 2007).

Zweifel am Beitrag des CDM zur nachhaltigen Entwicklung des Gastlandes

Die Förderung der nachhaltigen Entwicklung des Gastlandes ist ein zentrales Ziel des CDM. Kritiker bezweifeln, dass der CDM seinen eigenen Anforderungen gerecht wird (Schneider, 2007). Begründet wird diese Aussage mit der Tatsache, dass die Definition des Begriffes durch die jeweiligen Gastländer erfolgt. Die Formulierungen würden nicht genügend Tiefe und Stringenz besitzen. Es fehlt eine einheitliche internationale Ausformulierung des Begriffes „Nachhaltige Entwicklung". Die Prüfung durch die jeweiligen DNA sei unzureichend.

Zudem würde der marktbasierte Mechanismus Länder fördern, deren Anforderungen an eine nachhaltige Entwicklung unter dem Niveau anderer liegen. Es existieren zahlreiche Studien, welche zu dem Ergebnis kommen, dass der CDM in den meisten Fällen nur zu einer Emissionsminderung am Projektstandort führt, jedoch nicht zu Verbesserungen der lokalen Lebensbedingungen (Schneider, 2007). Die Einführung des Goldstandards durch den WWF hatte die Intention genau diese Problematik aufzugreifen und zu entschärfen. Das Interesse an diesem optionalen Zertifikat ist jedoch gering (Sterk, 2008).

7.2 Konzept des sektoralen Ansatzes

„Sektorale Marktmechanismen" werden als Alternative oder Weiterentwicklung des CDM diskutiert. Sie sollen die in 7.1 genannten „Mängel" des CDM ausmerzen und zu größeren Emissionsminderungen führen. Zusätzlich sollen Schwellen- und Entwicklungsländer angeregt werden eigenständige Emissionsgrenzen für bestimmte Sektoren zu setzen. Die Einführung sektoraler Marktmechanismen könnte zu verbesserten Wettbewerbsbedingungen für weltweithandelnde Unternehmen der Schwerindustrie in Industriestaaten führen. Durch die massiven Emissionsbeschränkungen in Staaten aus Anhang B des Kyoto-Protokolls werden Konkurrenzunternehmen in Schwellen- und Entwicklungsländern ohne Auflagen gestärkt. Dieser Umstand wird durch die Einführung sektoraler Mechanismen mit sektoralen Emissionsbeschränkungen entschärft (Butzengeiger, Michaelowa, 2009; Bradley et al., 2007).

Unter dem Begriff des sektoralen Ansatzes ist nicht ein einziges Konzept zu verstehen. In der Literatur wird eine Vielzahl von Gestaltungsmöglichkeiten aufgezeigt. Aufgrund der massiven Kritik am CDM, hat die UNFCCC diesen Ansatz in ihre Diskussionen um die zukünftige Gestaltung des CDM aufgenommen.

Eine Idee des sektoralen Ansatzes ist die Benennung eines sektoralen Emissionsziels, dessen Verfehlung nicht zu Sanktionen führt (No–lose-target) (Butzengeiger, Michaelowa, 2009). Dies könnte beispielsweise in Form von Projektclustern geschehen. Ein anderer Ansatz sieht vor, dass Regierungen Klimaschutzmaßnahmen umsetzen und hierfür Zertifikate erhalten (Butzengeiger, Michaelowa, 2009). Ziel ist es die Baseline unterhalb des business-as-usual Referenzfalles zu setzen, welcher beim CDM angewandt wird.

Im Folgenden wird eine Auswahl der existierenden Interpretationen des Konzeptes vorgestellt.

Baron et al. (2009) stellen zwei Versionen des sektoralen Ansatzes vor. Die erste sieht eine sektorale Kreditierung vor. Emissionsminderungen unterhalb der fixen Baseline werden ex post mit Zertfikaten vergütet. Abbildung 39 verdeutlicht das Prinzip (eigene Darstellung). Es wird deutlich, dass die Emissionsminderung deutlich größer als bei einem regulären CDM-Projekt ausfallen muss, um eine entsprechende Menge an Zertifikaten zu erhalten. Für diesen Ansatz ist eine umfassende Bestimmung des Sektors und der angewandten

Technologie notwendig, um sinnvolle Sektorenabgrenzungen treffen zu können. Die sektorinternen Unternehmen passen die kumulierte Gesamtmenge an Emissionen der unverbindlichen Sektorbaseline an. Zum Ende der Kreditierungsperiode werden die Zertifikate an die Regierung ausgegeben, welche sie an die Unternehmen weitergibt. Das System funktioniert, wenn alle Unternehmen sich den Vorgaben anpassen. Für den Fall, dass nicht alle Unternehmen dieselbe Motivation haben ihre Emissionen an die gesetzten Vorgaben anzupassen, kann auch Baron et al. (2009) keinen expliziten Lösungsweg aufzeigen. Da keine Sanktionen vorgesehen sind, agieren die Unternehmen völlig frei. Unternehmen, welche ihre Emissionen gesenkt haben, erhalten eventuell gar keine Zertifikate, wenn die absolute Emissionsmenge des Sektors die verabschiedete Baseline überschreitet.

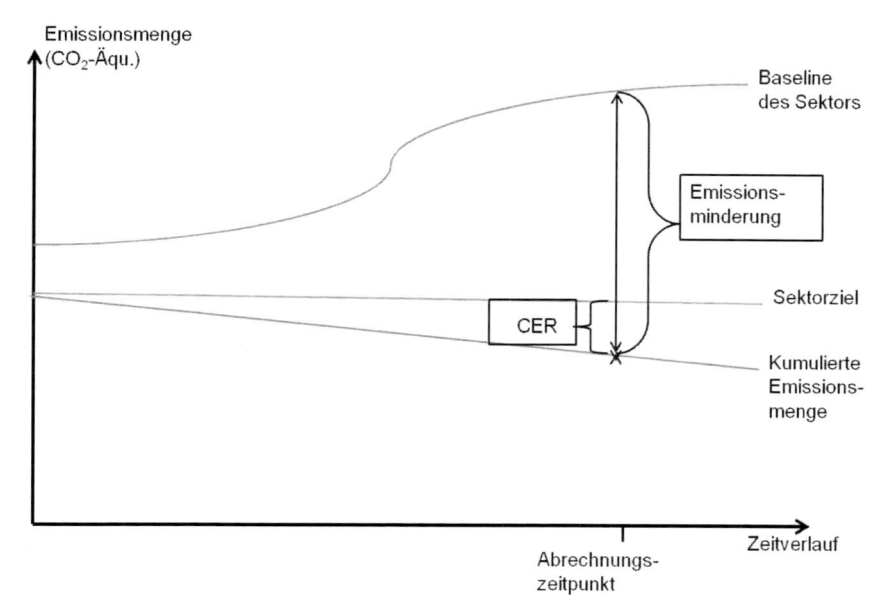

Abbildung 39: Prinzip der sektoralen Kreditierung

Das zweite Konzept umschreibt einen sektoralen Emissionshandel, in dem Zertifikate ex ante vergeben werden (Baron et al., 2009). Sektorenspezifischer Emissionshandel impliziert ein sektorenspezifisches, festes Emissionsziel für eine Handelsperiode. Die ex ante vergebenen, der Baseline entsprechenden Zertifikate werden innerhalb des Sektors durch die Regierung auf Unternehmen aufgeteilt. Diese können damit national und international handeln. Dieser Ansatz ist mit dem europäischen Emissionshandel zu vergleichen (Baron et al., 2009).

Diese zwei Ansätze werden aktuell am häufigsten diskutiert. Die jeweilige Ausgestaltung variiert sehr stark. Nach Helme et al. (2010) kann bspw. ein sektorenspezifischer Emissionshandel auf einen internationalen, sektorenunabhängigen Handel ausgeweitet werden. Hier würde nur die Verteilung der Zertifikate sektorenspezifisch gehandhabt.

Daneben wird ein Konzept dargestellt, welches den ersten Ansatz von Baron et al. mit einem internationalen Emissionshandel verknüpft. Demnach würde weiterhin eine unverbindliche Baseline (No-lose-target) bestehen, Unternehmen könnten jedoch Zertifikate auf dem internationalen Emissionshandelsmarkt erwerben, um eine Überschreitung der Sektorbaseline zu verhindern (Baron et al., 2010).

Die vorgestellten Ansätze stellen nur eine Auswahl der diskutierten Ausgestaltungsmöglichkeiten sektoraler Ansätze dar. Diese Ansätze haben gemein, dass sie sich nicht in das Regelwerk des CDM integrieren lassen und diesen bei Implementierung ersetzen würden (Sterk, 2008).

Es existieren einige sektorale Ansätze, welche projektspezifisch agieren und in den CDM integriert werden könnten. Bottom-up activity crediting bezeichnet die Anerkennung der Emissionsminderung eines Zusammenschluss von sektorspezifischen Aktivitäten. Diese Variante wurde 2005 unter dem Namen programmatischer CDM bereits eingeführt. Die CDM-Projektaktivität stellt die Summe aller Einzelaktivitäten im Rahmen des Programms dar (Sterk, 2008; UBA, 2009). Top-down / sectoral crediting impliziert die Zusammenfassung von verschiedenen Aktivitäten zur Emissionsminderung in einem bestimmten Sektor. Initiiert werden diese Aktivitäten durch die Regierung oder eine ähnliche Instanz, welche für die erreichte Emissionsminderung Zertifikate erhält. Auch dieser Ansatz ist mittlerweile durch das EB anerkannt worden und wird unter dem Namen NAMA (Nationally Appropriate Mitigation Actions) erfolgreich durchgeführt (Olsen et al., 2009). Benchmark activity crediting fordert, dass ein Benchmark für einen Sektor eingesetzt wird, welcher nicht überschritten werden darf. Dieser beschreibt beispielsweise die geduldete Menge an Treibhausgasen je Mg produzierten Material (Sterk, 2008).

7.3 Offene Fragen und Perspektiven sektoraler Mechanismen

Die in der Literatur und auf Konferenzen diskutierten Ansätze zu sektoralen Mechanismen haben gemein, dass die Übertragbarkeit auf die Praxis unklar ist. Kein Autor kann den Begriff Sektor umfassend abgrenzen. Es kann nicht pauschal ein Sektor „Energieproduktion" definiert werden, da ein solcher Sektor sowohl Kohlekraftwerke als auch Wasserkraftwerke implizieren würde. Diese sind aber hinsichtlich ihrer Emissionen nicht zu vergleichen. Daraus folgt, dass der Begriff Sektor nicht nur geographisch, sondern auch hinsichtlich der angewandten Technologie abgegrenzt werden muss (Schneider, Cames, 2009).

Eine geeignete Baseline ist der Schlüssel für einen effizienten Mechanismus. Es muss zunächst zwischen einer absoluten und einer intensitätsbasierten Baseline unterschieden werden. Eine absolute Baseline beschränkt die Emissionen eines Sektors auf einen bestimmten Wert. Eine intensitätsbasierte bzw. indexbasierte Baseline entspricht konzeptionell dem Prinzip des Benchmark activity crediting. Sie bestimmt die maximalen Emissionen je Output des Sektors, beispielsweise 0,5 CO_2-Äqu. / Mg Stahl. Absolute Baselines haben den Vorteil, dass alle Emissionsreduktionen unterhalb der Baseline mit Zertifikaten vergütet werden. Allerdings ist die Wahl der Baseline riskant, da die Gefahr besteht sie zu hoch oder zu niedrig anzusetzen und so den Wert der Zertifikate zu verfälschen (Schneider, Cames, 2009). Indexbasierte Baselines besitzen dagegen eine weniger hohe Unsicherheit. Zudem wird angenommen, dass dieses Vorgehen eher etabliert werden könnte. Jedoch ist die Indexbestimmung in Sektoren mit differenzierten Outputs extrem schwierig. Für die Bestimmung einer geeigneten Baseline existieren verschiedene Vorgehen. Zum einen könnte beispielsweise eine Abweichung (- x %) von der business-as-usual Baseline festgesetzt werden. Zum anderen könnte ein Wert definiert werden, welcher sich an den Emissionen von klimaschonender Technologie orientiert (Schneider, Cames, 2009).

Die meisten Ansätze für sektorale Marktmechanismen verfolgen die Idee eines „No-lose-targets". Dieser Ansatz birgt verschiedene Risiken wie etwa eine hohe Anreizproblematik. Es besteht die Gefahr der „Verwässerung", wenn einige Unternehmen des Sektors ihre Emissionen senken und andere nicht, so dass am Ende der Kreditierungsperiode keine Zertifikate ausgegeben werden. Ein striktes, jedoch unverbindliches Ziel kann sogar zu steigenden Emissionen führen, wenn aufgrund der zuvor beschriebenen Situation alle Unternehmen ihre Reduktionsaktivitäten aufgeben. Sie würden für ihr Verhalten keine Sanktionen erfahren. Ein weiterer Punkt der Anreizproblematik ist, dass die potenziellen Emissionsgutschriften der UNFCCC zunächst an die Regierung ausgegeben werden. Inwiefern diese die Zertifikate an die Unternehmen weiter gibt ist offen. Die Problematik könnte entschärft werden, falls eine Regierung politische Maßnahmen durchsetzt, die entweder verpflichtend sind oder monetäre Anreize bieten. Dies könnte in Form von Effizienzstandards oder Einspeisevergütungen geschehen. Bei Überschreitung der Baseline würde die Regierung keine Sanktionen erfahren (Butzengeiger, Michaelowa, 2009). Es ist ebenso unklar, wie sich Emissionsschwankungen eines Sektors, welche zu temporären Überschreitungen der Baseline führen, auf die spätere Bestimmung der tatsächlichen Emissionsmengen auswirken (Butzengeiger, Michaelowa, 2009).

Ein möglicher Übergang vom CDM zum sektoralen Marktmechanismus wird in der Literatur noch diskutiert. Es stehen 3 Varianten zur Wahl: Ein sofortiger Stopp der Ausgabe von CER und damit verbunden ein Stopp der laufenden CDM-Aktivitäten. Die zweite Variante sieht eine Weiterführung der bestehenden CDM-Projekte bis zum Ende ihrer derzeitigen Kreditierungsperiode vor, wobei CDM-Emissionsgutschriften vom sektoralen Emissionsziel abgezogen werden. Die letzte Variante geht von einer Weiterführung der CDM-Projekte bis zu ihrer letzten Abrechnungsperiode aus und einem Abzug ihrer Emissionsgutschriften vom sektoralen Emissionsziel (Butzengeiger, Michaelowa, 2009).

Die Literaturrecherche führt damit zu der Erkenntnis, dass keine einheitliche Definition für sektorale Marktmechanismen existiert. Die vorgestellten Ansätze gehen meist von der Einführung eines sektoralen, unverbindlichen Emissionsziels aus. Die Ausgestaltung der Ansätze ist durch die meisten Autoren vage formuliert. Alle kommen zu dem Schluss, dass noch enorme Unsicherheiten zu der Wirkung von sektoralen Marktmechanismen bestehen und viele Begriffe zunächst geklärt werden müssen.

Perspektive für den Sektor Abfallwirtschaft

Schneider, Cames (2009) vertreten die Meinung, dass für verschiedene Sektoren unterschiedliche, marktbasierte Mechanismen eingeführt werden sollten. Für die Abfallwirtschaft sehen sie eine Weiterführung des projektbasierten Ansatzes, CDM, vor. Diese Aussage wird jedoch nicht weiter ausgeführt.

Jedoch erscheint es durch aus möglich den Grundgedanken der sektoralen Marktmechanismen mit dem des CDM zu verbinden. Ein Ansatz für einen sektoralen projektbasierten Mechanismus könnte darin bestehen, für den Sektor Abfallwirtschaft eine intensitätsbasierte Baseline einzuführen. Ziel wäre es, die Betreiber zur Nutzung des energetischen Potenzials der abgelagerten Abfälle zu bewegen. Es könnte beispielsweise eine Baseline eingeführt werden, welche die CO_2-Äqu. pro m^3 abgelagertem Abfall einer bestimmten Dichte festsetzt. Die intensitätsbasierte Baseline würde so definiert, dass eine Abdichtung der Deponie notwendig wird. Würde ein Staat gewisse Technologiestandards in der Abfallwirtschaft festsetzen wollen, könnte er eine alternative Baseline setzen. Auf Basis einer fundierten Datenlage könnte die energetische Nutzung (beispielsweise kWh) pro m^3 abgelagertem Abfall einer bestimmten Dichte festgesetzt werden. In Kombination mit einer Einspeisevergütung würden Deponiebetreiber die Konzeption ihrer Anlage umstellen. Diese Umstellung kann im Rahmen des CDM geschehen. Der Staat würde nicht nur die Emissionen in diesem Sektor senken, er würde zudem den Anteil erneuerbarer Energien der Energieproduktion erhöhen. Langfristig würde das eine Unabhängigkeit von limitierten Ressourcen und dem Energieweltmarkt bedeuten.

8 Fazit

Die Notwendigkeit einer Eindämmung der globalen Erwärmung der Erdoberfläche führte zum Aufbau einer internationalen Klimaschutzpolitik. Die Klimarahmenkonvention und das Kyoto-Protokoll stellen die zentralen Dokumente der UNFCCC dar. Erstmals verpflichteten sich einige industrialisierte Staaten zu einer verbindlichen Reduktion ihrer Treibhausgasemissionen.

Das Regelwerk des Kyoto-Protokolls stellt Unternehmen in Industriestaaten zur Erfüllung ihrer Reduktionsverpflichtungen marktbasierte Instrumente zur Verfügung. Hierzu zählen der nationale und internationale Emissionshandel und der Mechanismus der gemeinsamen Umsetzung von Projekten. Der Mechanismus für umweltverträgliche Entwicklung (CDM) ermöglicht Unternehmen die Generierung von Emissionszertifikaten durch Investitionen in nachhaltige Projekte mit Emissionsreduktionen in Schwellen- und Entwicklungsländern. Der CDM hat die Intention die nachhaltige und damit umweltverträgliche Entwicklung in Schwellen- und Entwicklungsländern zu fördern. Die Emissionsverpflichtungen der Unternehmen werden demnach nicht im eigenen Land erfüllt, sondern im jeweiligen Gastland des Projektes.

Die internationale Kritik am CDM konnte in dieser Arbeit nicht widerlegt werden. Die Evaluation des Fallbeispiels PT NOEI in Indonesien ergab, dass die Projektaktivitäten die nachhaltige Entwicklung der Region nicht signifikant verbessern. Den ökologischen Verbesserungen steht eine mögliche Verschlechterung der Lebensbedingungen der auf der Deponie lebenden Waste Picker gegenüber. Es konnte ein bedeutender Technologietransfer verzeichnet werden. Dieser erfolgte in Form von Wissen bezüglich der gesamten Projektkonzeption und in materieller Form, beispielsweise durch den Import der Gasmotoren. Der Stand der Projektaktivitäten entspricht nicht dem Projektablaufplan des PDD.

Die Lage des Projektgebietes auf der Deponie TPA SUWUNG scheint ungünstig gewählt, da projektbedingte ökologische Verbesserungen ihre Wirkung nicht entfalten können. Die Untersuchung machte deutlich, dass im Fall PT NOEI das Kriterium der Zusätzlichkeit wohl erfüllt wird, die im PDD angegebene Baseline sich jedoch mittlerweile verschoben hat. Durch die Einführung des Abfallwirtschaftsgesetzes im Jahr 2008 wurde festgesetzt, dass Deponien abgedichtet werden müssen. Diese Maßnahme führt zu einer Verringerung der Emissionen. Die im PDD des Projektes beschriebene Baseline geht von einer ungeordneten Deponie aus. Das Projekt wurde 2007 registriert, eine nachträgliche Änderung der Baseline ist nicht möglich. Für eine glaubwürdige Bemessung der Emissionen, wäre eine Anpassung der Baseline für die zweite Kreditierungsperiode ab 2014 vorteilhaft.

Sektorale Marktmechanismen werden als Alternative zum oder Ergänzung des CDM diskutiert. Grundsätzlich soll für einen bestimmten Industriesektor eine Emissionsbegrenzung definiert werden, anstatt für ein einzelnes Projekt. Schwellen- und Entwicklungsländer sollen so in die internationalen Emissionsreduktionsbemühungen mit einbezogen werden.

In der Literatur existiert kein einheitlicher Ansatz zur inhaltlichen Gestaltung sektoraler Marktmechanismen. Es wurde deutlich, dass viele Fragen der Definition und Wirkung bisher noch ungeklärt sind. Erst wenn ein konkretes Konzept zu diesem Mechanismus erarbeitet worden ist, kann beurteilt werden, ob sie eine wirkliche Alternative zum CDM darstellen. Eine mögliche Kombination der beiden Mechanismen erscheint vorteilhaft. Die UNFCCC diskutiert die Vorschläge.

Eine durchgreifende internationale Klimapolitik erscheint im „Kampf" gegen den Klimawandel unumgänglich. Die wirtschaftsstarken Staaten, Brasilien, Indien und China stellen zwar Schwellenländer dar, sollten jedoch, ebenso wie die USA, ihrer globalen Verantwortung nachkommen und verbindliche Zusagen zur Reduktion ihrer Treibhausgase machen. Die aktuellen Klimaverhandlungen deuten darauf hin, dass Schwellen- und Entwicklungsländer mehr Verantwortung tragen sollen. Inwiefern dies verbindliche Zusagen impliziert steht offen.

Das Kyoto-Protokoll läuft offiziell 2012 aus. Noch existiert kein verbindliches Dokument, welches zu weiteren Emissionsreduktionen verpflichtet. Ob ein internationaler Konsens über die zukünftige Gestaltung der globalen Klimapolitik gefunden werden kann, werden die Verhandlungen im Mai 2012 auf der COP 18 in Bonn zeigen.

Literaturverzeichnis

Aldy, J. E., Stavins, R. N. (2007): *Introduction: International policy architecture for global climate regime*; In: J. E. Aldy & R. N. Stavins (Eds.) Architectures for Agreement. Addressing Global Climate Change in the Post - Kyoto World, Cambridge University Press, Cambridge; S. 13.

Auswärtiges Amt (2011): *Wirtschaftsdatenblatt - Indonesien*; http://www.auswaertiges-amt.de/cae/servlet/contentblob/362576/publicationFile/151439/Wi-Datenblatt-download.pdf; abgerufen am 24.03.2012, 12:15 Uhr..

Badan Pusat Statistik (2010): *Hasil Sensus Penduduk 2010 - Data Agregat per Provinsi*; Jakarta; S. 8; http://www.bps.go.id/65tahun/SP2010_agregat_data_per Provinsi.pdf, abgerufen am 23.03.2012, 21:00 Uhr.

Baliguide (2012): Introduction to Bali, Indonesia; http://www.baliguide.com/geography.html, abgerufen am 26.03.2012, 12:15 Uhr.

Baron, Richard; Buchner, Barbara; Ellis, Jane (2009): *Sectoral Approaches and the carbon market*; OECD / IEA; Paris; S. 21, 27, 30, 32; http://www.oecd.org/dataoecd/8/7/42875080.pdf; abgerufen am 12.03.2012, 12:30 Uhr.

Bifa Umweltinstitut (2009): *Country Sheet Indonesien*; S. 2, 4; http://www.jiko-bmu.de/files/basisinformationen/application/pdf/country_sheet_indonesien_bifa_31-05-09.pdf; abgerufen am 07.09.2011, 12:00 Uhr.

Bradley, Rob; Baumert, Kevin A.; Childs, Britt; Herzog, Tim; Pershing, Jonathan (2007): *Slicing the pie: Sector - Based Approaches to International Climate Agreements*; WRI; Washington; S. 2; http://pdf.wri.org/slicing-the-pie.pdf; abgerufen am 22.03.2012; 10:00 Uhr.

Brand, Karl - Werner (1997): *Probleme und Potenziale einer Neubestimmung des Projekts der Moderne unter dem Leitbild: "Nachhaltige Entwicklung"*; In: Ders. (1997): Nachhaltige Entwicklung. Eine Herausforderung an die Soziologie; Leske - Budrich; Darmstadt; S. 9-32, 23ff.

BMU (2009): *Kurzinfo Schutz der Ozonschicht*; http://www.bmu.de/luftreinhaltung/ozonschicht_ozonloch/kurzinfo/doc/2453.php; abgerufen am 29.02.2012, 13:30 Uhr.

BMU (2010a): *UN-Klimakonferenz in Kopenhagen - 7. bis 18. Dezember 2009*; http://www.bmu.de/klimaschutz/internationale_klimapolitik/15_klimakonferenz/doc/44133.php; abgerufen am 01.02.2012, 17:45 Uhr.

BMU (2010b): *Grundlagen des Emissionshandels*; http://www.dehst.de/DE/Emissionshandel/Grundlagen/grundlagen_node.html; abgerufen am 03.03.2012, 09:15 Uhr.

BMU (2010c): *Kurzinfo Emissionshandel*; http://www.bmu.de/emissionshandel/kurzinfo/doc/4016.php; abgerufen am 05.03.2012, 8:15 Uhr.

BMU (2010d): Unterabteilung KI I, „Umwelt und Energie, Klimaschutzprogramm der Bundesregierung, Umwelt und Energie" Franz Josef Schafhausen, Silke Karcher, Thomas Forth: *Investitionen für den Klimaschutz - Die projektbasierten Mechanismen CDM und JI*; Berlin; S. 9, 11, 13, 14, 15, 17, 19.

BMU (2010e): *Nachhaltige Entwicklung als Handlungsauftrag*; http://www.bmu.de/nachhaltige_entwicklung/strategie_und_umsetzung/nachhaltigkeit_handlungsauftrag/doc/2396.php; abgerufen am 18.03.2012; 15:00 Uhr.

BMU (2011a): *Kyoto-Protokoll*; http://www.bmu.de/klimaschutz/internationale_klimapolitik/kyoto_protokoll/doc/20226.php; abgerufen am 19.02.2012, 07:50 Uhr.

BMU (2011b): *Internationaler Klimaschutz für die Zeit nach 2012*; http://www.bmu.de/klimaschutz/internationale_klimapolitik/klimaschutz_nach_2012/doc/45900.php; abgerufen am 29.02.2012, 19:30 Uhr.

BMU (2011c): *„Das Paket von Durban"*; http://www.bmu.de/klimaschutz/internationale_klimapolitik/17_klimakonferenz/doc/48152.php; abgerufen am 14.03.2012, 14:45 Uhr.

Butzengeiger, Sonja; Michelowa, Dr. Axel (2009): *Möglichkeiten und Grenzen der sektoralen Marktmechanismen in der internationalen Klimapolitik*; In: Die Volkswirtschaft, Ausgabe Nr. 12, 2009; Bern, S. 19-22.

Charney, J., Arakawa, A., Becker, D. J., Bolin, B., Dickinson, R. E., Goody, R. M., Leith, C. E., Stommel, H., Wunsch, C. I.(1979): *Carbon Dioxide and Climate: A Scientific Assessment*; Report of an Ad Hoc Study Group on Dioxide and Climate; National Academy of Scienes; Washington; S. 2.

Damanhuri, Prof. Dr. Enri (2010): Contribution of better waste management in reducing CO_2 emission in Indonesia; In: Risonarta, Victor; Dewi, Ova Candra; Nurhajat, Lilith; Santoso, Agung; Firdayati, Mayrina; Nugrahdi, Saleh; Akbar, Teuku Fajar; Minarto, Eko; Midi, Dendy; Wahyudi, Mayang; Medyarso Ahmad Rizqy; Pietoyo, Hans; Atisa, Benny; Dartinam, Cut (Eds.): *Technology cooperation and economic benefit of reduction of GHG emissions in Indonesia*; Shaker Verlag; Aachen; S. 88; 91, 93.

DEG, bfai (2008): *CDM - Markt kompakt Indonesien*; S. 1; http://www.jiko-bmu.de/files/basisinformationen/application/pdf/cdm-indonesien-endversion-deutsch.pdf; abgerufen am 22.03.2012, 14:00 Uhr.

Ecofys, TÜV-SÜD and FIELD (2006): *Gold Standard - Requirements*; Version 2.1; Basel; S. 19, 22; http://www.cdmgoldstandard.org/wp-content/uploads/2011/10/GSv2.1_Requirements-11.pdf; 23.03.2012, 13:00 Uhr.

Ehrenstein, Claudia (2011): *China treibt CO_2 - Ausstoß in Rekordhöhe*; In: Welt - Online; 04.11.2011; http://www.welt.de/wirtschaft/article13699024/China-treibt-CO2-Ausstoss-in-Rekordhoehe.html; abgerufen am 29.02.2012; 15:20 Uhr.

EU (2004): *Richtlinie 2004/101/EG des europäischen Parlaments und des* Rates; http://www.dehst.de/SharedDocs/Downloads/Archiv/Recht_2005-2007/Recht_EU-Ergaenzungsrichtlinie_2004_Linking_Directive.pdf?__blob=publicationFile; abgerufen am 04.03.2012, 12:10 Uhr.

EU (2012): *BIP in Mio. Euro / BIP pro Kopf in Euro / Wirtschaftswachstum (real);* http://www.economic-growth.eu/Seiten/AktuelleDaten/Daten2011.html; abgerufen am 20.03.2012, 12:00 Uhr.

Executive Board (2007): *Clean Development Mechanism Project Design Document Form (CDM-PDD), Version 03 - in effect as of: 28 July 2006, PT Navigat Energy Indonesia Integrated Solid Waste Management (GALFAD) Project in Bali, Indonesia*; S. 1f, 4, 6, 7f, 11, 13, 57; http://cdm.unfccc.int/filestorage/E/B/D/EBDNBGP2F7QV9CJHR6PI3678XIOZB4/NOEI%20PDD.pdf?t=eDJ8bTJjcjZpfDDE7fQq0kXqksVfSm_lODZn; abgerufen am 02.01.2012, 11:15 Uhr.

GE Jenbacher (2012): *Company Profile*; https://information.jenbacher.com/index.php; abgerufen am 24.03.2012, 17:00 Uhr.

Google Earth (2012): *Bali*; abgerufen am 02.01.2012, 09:30 Uhr.

Hanh, Dang, Michaelowa, Axel, De Jong, Friso (2006): *From GHGs Abatement Potential To Viable CDM Projects - The Cases of Cambodia, Lao PDR and Vietnam*; In: HWWA - Report Nr. 259, Hamburg.

Helme, Ned; Whitesell, William, Houdashelt, Mark; Osornio, Juan; Ma, Haibing; Lowe, Ashley; Polzin, Thomas (2010): *Global Sectoral Study*: Final Report; CCAP; Washington DC.; S. 13; http://ec.europa.eu/enterprise/policies/sustainable-business/climate-change/sectoral-approaches/files/global_sectoral_ study_final_report_en.pdf; abgerufen am 25.03.2012; 15:00 Uhr.

Holzer, Dr. Andreas (2010): *Möglichkeiten und Grenzen der Implementierung internationaler Klimaschutzabkommen - Eine ökonomische Nutzen-Kosten-Betrachtung am Beispiel der technologischen Kooperation*; Universität Passau, Wirtschaftswissenschaftliche Fakultät, Passau; S. 6, 7, 72, 79; http://deposit.ddb.de/cgi-bin/dokserv?idn=1005161356&dok_var=d1&dok_ ext=pdf&filename=1005161356.pdf; abgerufen am 05.01.2012, 11:20 Uhr.

IGES (2011): *Market Mechanism Country Fact Sheet Indonesia*; S. 3, 7; http:// enviroscope.iges.or.jp/modules/envirolib/upload/984/attach/indonesia_final.pdf; abgerufen am 22.03.2012, 15:00 Uhr.

IPCC (1990): *Climate Change - The IPCC Scientific assessment*; Report Prepared for IPCC by Working Group 1 (J.T.Houghton, G.J.Jenkins and J.J.Ephraums); Cambridge University Press; New York, Port Chester, Melbourne, Sydney; S. 10.

IPCC (2000): *Methodological and Technological Issues in Technology Transfer - A special report of IPCC Working Group III*; Cambridge, New York; S. 3.

IPCC (2007): *Climate Change 2007: The Physical Science Basis.* Contribution of Working Group I to the Fourth Assessment Report of the Intergovernmental Panel on Climate Change; (Solomon, S., D. Qin, M. Manning, Z. Chen, M. Marquis, K.B. Averyt, M. Tignor, and H.L. Miller (eds)). Cambridge University Press, Cambridge, United Kingdom and New York, NY, USA; S. 763.

IPCC (2010): *Understanding Climate Change, 22 years of IPCC assessment*; S. 4; http://www.ipcc.ch/pdf/press/ipcc_leaflets_2010/ipcc-brochure_ understanding.pdf; abgerufen am 09.01.2012, 11:30 Uhr.

IPCC (2012): Summary for Policymakers. In: *Managing the Risks of Extreme Disasters to Advance Climate Change Adaptation* In: Field, C.B., V. Barros, T.F. Stocker, D. Qin, D.J. Dokken, K.L. Ebi, M.D. Mastrandrea, K.J. Mach, G.-K. Plattner, S.K. Allen, M. Tignor, and P.M. Midgley (eds.): A Special Report of Working Groups I and II of the Intergovernmental Panel on Climate Change. Cambridge University Press, Cambridge, UK, and New York, NY, USA; S. 6f, 12.

Kleine, Alexandro (2009): *Operationalisierung einer Nachhaltigkeitsstrategie: Ökologie, Ökonomie und Soziales integrieren*; Gabler Verlag, Wiesbaden; S. 5, 10, 11.

Kreuter - Kirchhof, Charlotte (2005): *Neue Kooperationsformen im Umweltvölkerrecht, Die Kyoto Mechnismen*; Schriften zum Umweltrecht, Band 139; Duncker & Humblodt; Berlin; S. 34, 103, 104-110.

Langrock, Thomas, Sterk, Wolfgang (2003): *Der Goldstandard für CDM und JI - Motivation und Wirkungsweise*; Wuppertal Institut Policy Paper Nr. 2 / 2003; S. 2f; http://www.jiko-bmu.de/files/basisinformationen/application/pdf/pp_02-03-goldst-s.pdf; abgerufen am 10.03.2012, 20:15 Uhr.

Michaelowa, Axel (2003): *CDM Host Country Institution Building*; In: Mitigation and Adaption Strategies for Global Change; Vol. 8, Nr. 3, 9 / 2003; S. 201.

Michaelowa, Axel (2007): *Clean Development by own resources - Why the money for greenhouse gas reduction projects is raised in the south*; VDM Verlag Dr. Müller; Saarbrücken; S. 2-8.

Olsen, Karen Holm; Fenhann, Jørgen; Hinostroza, Miriam (2009): *NAMAs and the Carbon Market - Nationally Appropriate Mitigation Actions of developing countries*; UNEP; Copenhagen; S. 13ff.

Raupach, Michael R. et al (2007): *Global and regional drivers of accelerating CO2 emissions*; In: PNAS Vol. 104, No. 24; S. 10292; http://www.pnas.org/content/104/24/10288.full.pdf+html; abgerufen am 18.03.2012; 10:15 Uhr.

Referat KI II 6 " Internationaler Klimaschutz", BMU (2008): *Bali gibt Startschuss für Klimaverhandlungen*; In: UMWELT, Ausgabe 2, 2008; Berlin; S. 81-85.

Rudolph, Frederic (2007): *Bewertung des Beitrages von CDM-Projekten zur nachhaltigen Entwicklung seiner Gastländer*; Wuppertal Institut Policy Paper Nr. 3 / 2007; S. 32, 33, 40; http://www.jiko-bmu.de/files/basisinformationen/publikationen/application/pdf/policy_paper_ne-kriterien.pdf; abgerufen am 12.03.2012; 08:00 Uhr.

Schneider, Lambert (2007): *Is the CDM fulfilling its environmental and sustainable development objectives?*; Öko - Institut; Berlin; S. 9, 46f; http://www.oeko.de/oekodoc/622/2007-162-en.pdf; abgerufen am 20.03.2012, 14:00 Uhr.

Schneider, Lambert; Cames, Martin (2009): *A framework for a sectoral crediting mechanism in a post - 2012 Climate Regime*; Öko - Institut; Berlin, S. 10f, 29, 34, 57.

Sterk, Wolfgang (2008): From Clean Development Mechanism to Sectoral Crediting Approaches - Way Forward or Wrong Turn; JIKO Policy Paper Nr 1 / 2008; S. 4-6, 9, 12; http://www.jiko-bmu.de/files/inc/application/pdf/policy_paper-cdm-post-2012.pdf; abgerufen am 25.03.2012, 11:30 Uhr.

Sterk, Wolfgang, Langrock, Thomas (2003): *Der Goldstandard - Kriterien für JI - und CDM-Projekte*; JIKO Policy Paper Nr. 4 / 2003; http://www.jiko-bmu.de/files/basisinformationen/application/pdf/pp_04-03-gsii.pdf; abgerufen am 10.03.2012; 20:00 Uhr.

Stratmann, Dr. Anne (2011): *Die projektbezogenen Mechanismen des Kyoto-Protokolls, Clean Development Mechanism und Joint Implementation - Einbeziehung in das europäische Emissionshandelssystem und nationale Umsetzung*; Erich Schmidt Verlag GmbH & Co. KG, Berlin; S. 21, 27.

Sutter Christoph (2003): *Sustainability Check-Up for CDM Projects - How to assess the sustainability of international projects under the Kyoto Protocol*; Wissenschaftlicher Verlag Berlin, S. 224f.

UBA (2003): *Klimaverhandlungen, Ergebnisse aus dem Kyoto-Protokoll, den Bonn - Agreements und Marrakesh - Accords*; In: Climate Change, Ausgabe 4; Berlin; S. 2, 9; http://www.umweltdaten.de/publikationen/fpdf-l/2269.pdf, abgerufen am 17.02.2012, 21:00 Uhr.

UBA (2005): *Klimaschutz: Joint Implementation and Clean Development Mechanism, Die projektbasierten Mechanismen des Kyoto-Protokolls*; Berlin; S. 6, 9, 12; http://www.dehst.de/SharedDocs/Downloads/DE/Publikationen/JI_CDM_Informationsbroschuere.pdf?__blob=publicationFile; abgerufen am 04.03.2012; 13:15 Uhr.

UBA (2009): *Deutsches CDM - Handbuch - Leitfaden für Antragsteller*; Version 1.3; Berlin; S. 18ff, 27; http://www.dehst.de/SharedDocs/Downloads/DE/JI-CDM/JI-CDM_CDM_Handbuch.pdf?__blob=publicationFile; abgerufen am 02.02.2012, 08:15 Uhr.

UBA (2012): *Der Clean Development Mechanism*; http://www.dehst.de/DE/Klimaschutzprojekte/Projektmechanismen/CDM/cdm_node.html; abgerufen am 20.03.2012; 12:30 Uhr.

UBA (2012a): *Klimaschutz - Internationale Verträge;* http://www.umweltbundesamt.de/klimaschutz/klimapolitik/vertraege/index.htm; abgerufen am 31.01.2012, 14:40 Uhr.

UN (1992): *Agenda 21*, Rio de Janeiro; S. 354; http://www.un.org/depts/german/conf/agenda21/agenda_21.pdf; abgerufen am 13.03.2012, 11:15 Uhr.

UN (2011): *Human Development Index and its components;* http://hdr.undp.org/en/media/HDR_2011_EN_Table1.pdf; abgerufen am 24.03.2012, 18:00 Uhr.

UNFCCC (1992): *United Nations Framework Convention on Climate Change*; Art. 2; http://UNFCCC.int/resource/docs/convkp/conveng.pdf; abgerufen am 03.01.2012.

UNFCCC (1998): *Kyoto Protocol to the United Nations Framework*; New York; http://UNFCCC.int/resource/docx/convkp/kpeng.pdf; abgerufen am 10.02.2012, 09:20 Uhr.

UNFCCC (2007): *Report of the Conference of the Parties on its thirteenth session, held in Bali from 3 to 15 December 2007*; New York; Decision 1 / CP13, Art. 2.

UNFCCC (2008): *Kyoto Protocol Reference Manual, On accounting of emissions and assigned amount*; Bonn; http://UNFCCC.int/resource/docs/publications/08_UNFCCC_kp_ref_manual.pdf; abgerufen am 10.02.2012, 08:10 Uhr.

UNFCCC (2009): *Report of the Conference of the Parties on its fourteenth session, held in Poznan from 1 to 12 December 2008*; New York.

UNFCCC (2010): *CDM Methodology Booklet*; New York; S. 12ff, 14, 34-183.

UNFCCC (2011): *Report of the Conference of the Parties on its sixteenth session, held in Cancun from 29 November to 10 December 2010*; New York.

UNFCCC (2012a): *Status of Ratification of the Convention;* http://UNFCCC.int/essential_background/convention/status_of_ratification/items/2631.php; abgerufen am 07.12.2011, 19:40 Uhr.

UNFCCC, (2012b): *Bodies*; http://UNFCCC.int/bodies/items/6241.php; abgerufen am 04.02.2012, 16:05 Uhr.

UNFCCC (2012c): *Parties to the Kyoto Protocol*; http://maindb.UNFCCC.int/public/country.pl?group=kyoto; abgerufen am 29.02.2012, 15:30 Uhr.

UNFCCC (2012d): *Project Search*; http://cdm.unfccc.int/Projects/projsearch.html; abgerufen am 13.03.2012, 09:15 Uhr.

World Bank (2007): *Executive Summary - Indonesia and Climate Change*; Washington D. C.; http://siteresources.worldbank.org/INTINDONESIA/Resources/226271-1170911056314/3428109-1174614780539/PEACEClimateChange.pdf; abgerufen am 24.03.2012, 14:15 Uhr.

World Bank (2012): CO_2 *- emissions - kt*; http://data.worldbank.org/indicator/EN.ATM.CO$_2$e..KT?page=2; abgerufen am 24.03.2012; 17:00 Uhr.

Varian, Prof. Hal. R. (2007): *Grundzüge der Mikroökonomik*; Ausgabe 7; Oldenbourg Verlag, München; S. 798.

Yahoo (2012): *Währungsrechner*; 1 USD ~ 0,7621 EUR; http://de.finance.yahoo.com/waehrungen/waehrungsrechner/#from=EUR;to=USD;amt=0.7621; abgerufen am 11.03.2012; 08:15 Uhr.

Anhang

1	Overview: Running and potential CDM-Projects in Indonesia - Sectoral scope 13: Waste handling and disposal	91
2	Overview: Running and potential CDM-Projects in specific countries of South East Asia -Sectoral scope 13: Waste handling and disposal	96
3	Overview: Individual number of projects within each sectoral scope worldwide, in Indonesia, Philippines, Malaysia, Thailand	106
4	Overview: Running and potential CDM-Projects and CDM - Sectoral scope 13 - Projects in specific region worldwide	107
5	Evaluation: CDM-Projects Worldwide by Continent	115
6	Evaluation: CDM-Worldwide by Region	116
7	Evaluation: CDM-South East Asia	119
8	Used Methodologies in the Sectoral Scope 13: Waste Handling and Disposal	120
9	Registration of CDM-Projects	121
10	Übersicht zur Methodenkategorisierung	122
11	Verwendete Methoden des Projektes PT NOEI	127

1 Overview: Running and potential CDM-Projects in Indonesia - Sectoral scope 13: Waste handling and disposal

Folgende Übersicht gibt den aktuellen Stand von CDM-Projekten im Bereich Abfallwirtschaft (Sectoral Scope 13: Waste handling and disposal) in Indonesien wieder. Sie gibt neben Grundsatzdaten wie der Project-ID oder der jährlichen Emissionsreduktion auch an, welche Treibhausgase eingespart werden und welche Techniken der Investor implementieren möchte. Zu beachten ist, dass das Fee Level den potentiellen Netto Cashflow des Projektes darstellt und nicht das Investitionsvolumen des Investors. Dieser Netto Cashflow basiert auf Szenarien, seine Aussagekraft ist daher fragwürdig. Die Transparenz der Investitionen war bei allen Projekten grundsätzlich ungenügend. Die beigefügte Exceldatei erlaubt ein Sortieren der Tabelle. Die Daten entstammen der CDM-Projektdatenbank der UNFCCC.

Overview: Running and potential CDM - Projects in Indonesia - Sectoral scope 13: Waste handling and disposal

Project ID	Country of investor	Investor	Fee Level/ Net Cash Flow (USD)	Beginning of Project	Duration of project (Years)	Activity scale (BIG/SMALL)	Annual emission reduction (Mg CO2 equiv.)	Type of reduced GHG	Used baseline methodology/ Code number	Project activity category	New/used technique
ID - 0450	Japan	Mitsui & Co Ltd.	31.700	Jun. 12	15	LARGE	166.000	CH4/ CO2/ N2O	AM0006	13: Waste handling & disposal/15: Agriculture	Methane Capture and Combustion from Swine Manure Treatment
ID - 0616	Switzerland/ UK	Cargill International S.A./EcoSecurities Ltd.	2.265	Jul. 06	10	SMALL	18.826	CO2/ CH4	AMS-III.D.	10: Fugitive emissions from fuels/13: Waste handling & disposal	Covered in-ground anaerobic reactor
ID - 0938	Japan	Mitsubishi UFJ Securities Co., Ltd. (Mus)	23.185	Apr. 13	21	LARGE	123.423	CH4/ CO2/ N2O	AM0025/ ACM0001 /AMS-I.D.	1: Energy Industries/13: Waste handling & disposal	Anaerobic digestion/Generators/ Covering landfill, collecting gas
ID - 1176	Japan	SUMITOMO Corp.	52.787	Apr. 06	21	LARGE	271.436	CH4/ CO2/ N2O	AM0022	13: Waste handling & disposal	Anaerobic wastewater treatment/ Biogas extraction system/Anaerobic digesters
ID - 1582	Netherlands	International Bank for Reconstruction and Development	8.320	Jul. 06	21	LARGE	49.098	CH4	ACM0001	13: Waste handling & disposal	Landfill Gas collection system/Landfill Gas Flaring facility
ID - 1885	Switzerland	MyClimate, The climate protection Partnership		Aug. 07	25	SMALL	7.671	CH4/ CO2/ N2O	AMS-III.F.	13: Waste handling & disposal	Optimal aeration/Designer Compost
ID - 1899	Switzerland/ Netherlands	AES AgriVerde Ltd.	5.178	Nov. 07	21	SMALL	33.390	CH4	AMS-III.H.	13: Waste handling & disposal	Methane Recovery in Wastewater Treatment
ID - 2130	Switzerland	AES AgriVerde Ltd.	6.344	Oct. 07	22	SMALL	39.218	CH4	AMS-III.H.	13: Waste handling & disposal	Methane Recovery in Wastewater Treatment
ID - 2421	Japan	Mitsubishi UFJ Securities Co. Ltd.	7.336	Oct. 06	21	SMALL	44.181	CH4/ CO2/ N2O	AMS-III.H./AMS-III.O.	5: Chemical Industries/13: Waste handling & disposal	Oleo-chemical facility

ID	Country	Entity	Value	Date	#	Size	Amount	Gas	Methodology	Sector	Description
ID - 2525	Sweden	Asian Development Bank as Trustee for the Asian Pacific Carbon Fund	8.361	Mar. 08	21	LARGE	49.307	CH4/CO2/N2O	ACM0001	13: Waste handling & disposal	Landfill Gas collection system/Landfill Gas Flaring facility
ID 2509	Netherlands	International Bank for Reconstruction and Development	12.497	Jan. 08	21	LARGE	69.987	CO2/N2O	ACM0001	13: Waste handling & disposal	Landfill Gas collection system/Landfill Gas Flaring facility
ID - 2518	Netherlands	International Bank for Reconstruction and Development	18.878	Sep. 08	21	LARGE	61.891	CO2/N2O	ACM0001	13: Waste handling and disposal	Landfill Gas collection system/Landfill Gas Flaring facility/Generators
ID - 2631	Switzerland	Cargill International S.A.	5.309	Sep. 07	7	SMALL	34.045	CH4	AMS-III.H./AMS-I.D.	1: Energy Industries/ 13: Waste handling &disposal	Anaerobic treatment of waste water/Generators/Open Flare
ID - 2652	Switzerland	Cargill International S.A.	8.512	Sep. 07	25	SMALL	50.060	CH4	AMS-III.H./AMS-I.D.	1: Energy Industries/ 13: Waste handling & disposal	Anaerobic treatment of waste water/Generators/Open Flare
ID - 2673	Japan	Sumitomo Corporation (SC)	11.123	Nov. 06	21	SMALL	63.114	CO2/N2O	AMS-III.H./AMS-I.D.	1: Energy Industries/ 13: Waste handling & disposal	Organic wastewater treatment/Digestion/Generators
ID - 2612	Germany	Aufwind Schmack Asia Holding GmbH	2.444	Jan. 10	10	SMALL	19.718	CO2/CH4	AMS-III.H./AMS-I.D.	1: Energy Industries/ 13: Waste handling & disposal	Anaerobic treatment of waste water/Generators
ID - 2650	Switzerland	Cargill International S.A.	8.937	Mar. 08	25	SMALL	52.186	CH4	AMS-III.H./AMS-I.D.	1: Energy Industries/ 13: Waste handling & disposal	Anaerobic treatment of waste water/Generators/Open Flare
ID - 2633	Switzerland/Netherlands	AES AgriVerde Ltd.	6.220	Mar. 08	21	SMALL	38.424	CH4	AMS-III.H.	13: Waste handling 6 disposal	Sealed covers over existing anaerobic POME lagoons to create an anaerobic digester system/Flaring combustion system/Generators
ID - 2643	Switzerland/Netherlands	AES AgriVerde Ltd.	2.926	Jul. 08	21	SMALL	21.980	CH4	AMS-III.H.	13: Waste handling & disposal	Sealed covers over existing anaerobic POME lagoons to create an anaerobic digester system/ Flaring combustion system/ Generators

ID	Country	Company	Value	Date	Period	Size	Amount	Gas	Methodology	Sector	Description
ID - 2621	Switzerland/ Netherlands	AES AgriVerde Ltd.	4.876	Feb. 08	21	SMALL	31.757	CH4	AMS-III.H.	13: Waste handling & disposal	Sealed covers over existing anaerobic POME lagoons to create an anaerobic digester system
ID - 2663	Switzerland/ Netherlands	AES AgriVerde Ltd.	1.845	Jul. 08	21	SMALL	16.470	CH4	AMS-III.H.	13: Waste handling & disposal	Sealed covers over existing anaerobic POME lagoons to create an anaerobic digester system
ID - 2622	Switzerland/ Netherlands	AES AgriVerde Ltd.	2.480	Mar 08	21	SMALL	19.723	CH4	AMS-III.H.	13: Waste handling & disposal	Sealed covers over existing anaerobic POME lagoons to create an anaerobic digester system/Flaring combustion system/Generators
ID - 2634	Switzerland/ Netherlands	AES AgriVerde Ltd.		Feb. 08	21	SMALL	10.094	CH4	AMS-III.H.	13: Waste handling & disposal	Sealed covers over existing anaerobic POME lagoons to create an anaerobic digester system/Flaring combustion system/Generators
ID - 2664	Switzerland/ Netherlands	AES AgriVerde Ltd.	8.131	Jun. 08	21	SMALL	47.655	CH4	AMS-III.H.	13: Waste handling & disposal	Sealed covers over existing anaerobic POME lagoons to create an anaerobic digester system/Flaring combustion system/Gener.
ID - 2751	Japan	Shimizu Corporation	8.746	Sep. 09	15	LARGE	51.231	CO2/ N2O	ACM0001	13: Waste handling & disposal	Landfillgas collection system/ Landfill covering/Generators
ID - 2662	Switzerland/ Netherlands	AES AgriVerde Ltd.	1.698	Jul. 08	21	SMALL	15.743	CH4	AMS-III.H.	13: Waste handling & disposal	Sealed covers over existing anaerobic POME lagoons to create an anaerobic digester system/Flaring combustion system/Generators
ID - 2674	Japan	Sumitomo Corporation (SC)	11.123	Nov. 06	21	SMALL	63.114	CO2/ N2O	AMS-III.H./AMS-I.D.	1: Energy Industries/ 13: Waste handling & disposal	Anaerobic digestion/Generators/Open flare system
ID - 3221	Switzerland	Swiss Carbon Assets Ltd.	6.153	Jan. 10	15	SMALL	38.264	CO2/ CH4	AMS-III.F.	13: Waste handling %disposal	Anaerobic digestion of POME treatment/Composting Facility
ID - 3154	Switzerland	Swiss Carbon Assets Ltd.	4.976	Jan. 10	15	SMALL	32.378	CO2	AMS-III.F.	13: Waste handling & disposal	Composting facility
ID - 3401	UK	EcoSecurities International Ltd.	7.527	Jun. 07	20	SMALL	45.137	CO2/ CH4	AMS-III.F.	13: Waste handling & disposal	Anaerobic digestion of POME treatment/Composting Facility

ID	Country	Company	Value1	Date	Val	Size	Value2	Gas	Methodology	Sector	Technology
ID - 3702	Denmark	Ministry of Climate and Energy	9.362	Mar. 08	21	SMALL	54.312	CO2/CH4	AMS-III.H.	1: Energy Industries/ 13: Waste handling & disposal	Closed continuous-flow stirred tank reactor
ID - 3717	Switzerland	Swiss Carbon Assets Ltd	4.010	Sep. 08	15	SMALL	27.550	CO2/CH4	AMS-III.F.	13: Waste handling & disposal	Composting facility/Generators
ID - 3850	UK	EcoSecurities International Ltd.	13.713	Jun. 07	20	LARGE	76.063	CO2/CH4	AM0039	13: Waste handling & disposal	Composting facility/Anaerobic wastewater treatment
ID 4394	Switzerland	Cargill International SA	2.484	Aug. 07	20	SMALL	19.919	CO2/CH4	AMS-III.H.	13: Waste handling & disposal	Lagoon-based bio digestor/Flaring combustion system
ID - 4077	UK	Bionersis S.A.	7.255	Nov. 10	21	LARGE	43.773	CO2/CH4	ACM0001	13: Waste handling & disposal	Landfill gas collection/Flaring combustion system/Generators
ID - 4064	Japan	ITOCHU Corporation	1.755	Jan. 11	21	SMALL	16.275	CO2/CH4	AMS-III.F.	13: Waste handling & disposal	Aerobic fermentation/Composting facility
ID 4265	Japan	Sumitomo Corporation (SC)	8.096	Nov. 06	25	LARGE	47.980	CO2/N2O	ACM0014	13: Waste handling & disposal	Anaerobic wastewater treatment technology/Electricity generation for in-house use
ID - 4061	UK	Aretae Limited	11.870	Aug. 08	21	LARGE	66.852	CH4/CO2/N2O	AM0039	13: Waste handling & disposal	Composting facility
ID - 4445	UK	Agrinergy Pte Ltd	0	Jul. 08	10	SMALL	10.591	CO2/CH4	AMS-III.F.	13: Waste handling & disposal	Aerobic compost plant
ID 4678	UK	ISCCP Investment Platform Limited	12.416	Feb. 10	10	LARGE	69.578	CH4/CO2/N2O	ACM0014	13: Waste handling & disposal	In-ground anaerobic digester technology/Generators/New production plant
ID - 4480	Denmark	Ministry of Climate and Energy, Danish Energy Agency	8.979	Dez. 09	21	SMALL	52.397	CH4/CO2/N2O	AMS-III.H.	13: Waste handling & disposal	In-ground anaerobic digester system/Generators
ID - 5240	UK	EcoSecurities International Limited	11.798	Jun. 07	20	LARGE	66.492	CH4/CO2/N2O	AM0039	13: Waste handling & disposal	Anaerobic digestion/Anaerobic wastewater treatment

Date: March 11 2012, 13:00
Source: http://cdm.unfccc.int/Projects/projsearch.html

2 Overview: Running and potential CDM-Projects in specific countries of South East Asia -Sectoral scope 13: Waste handling and disposal

Die nachstehende Tabelle gibt einen Eindruck zu den laufenden und potentiellen CDM-Projekten einzelner Staaten im südostasiatischen Raum, als Kontrast und Vergleich zu den Daten zu Indonesien. Ebenso wie in Anhang 1 wird auch hier die vom Investor implementierte Technik kurz angeben. Es gelten dieselben Anmerkungen wie in Anhang 1.

Die Daten entstammen der Projektdatenbank der UNFCCC.

Overview: Running and potential CDM-Projects in specific countries of South East Asia -Sectoral scope 13: Waste handling and disposal

Project ID	Host country	Country of investor	Investor	Fee Level/ Net Cash Flow (US$)	Beginning of project	Duration of project (Years)	Activity scale	Annual emission reduction (Mg CO2 equivalents)	Type of reduced GHG	Used baseline methodology/ Code number	Project activity category	New/used technique
PH-0504	Philippines	Japan	Mitsubishi Corporation	17.679	Jul 06	10	LARGE	95.896	CO2/CH4	AM0013	13: Waste handling and disposal	Wastewater treatment system
PH-0612	Philippines	UK	EcoSecurities Ltd.		Mar 05	21	SMALL	2.929	CH4	AMS-III.D.	10: Fugitive emissions from fuels (solid, oil and gas)/13: Waste handling and disposal	Covered in-ground anaerobic reactor
PH-0607	Philippines	UK	EcoSecurities Ltd.		Mar 05	21	SMALL	3.656	CH4	AMS-III.D.	10: Fugitive emissions from fuels (solid, oil and gas)/13: Waste handling and disposal	Covered in-ground anaerobic reactor
PH-0609	Philippines	UK	EcoSecurities Ltd.		Jul 05	21	SMALL	2.929	CH4	AMS-III.D.	10: Fugitive emissions from fuels (solid, oil and gas)/13: Waste handling and disposal	Covered in-ground anaerobic reactor
PH-0611	Philippines	UK	EcoSecurities Ltd.		Oct 02	21	SMALL	313	CH4	AMS-III.D.	10: Fugitive emissions from fuels (solid, oil and gas)/13: Waste handling and disposal	Covered in-ground anaerobic reactor
PH-0605	Philippines	UK	EcoSecurities Ltd.		Jul 05	21	SMALL	7.582	CH4	AMS-I.A./AMS-III.D.	1: Energy industries (renewable -/ non-renewable sources)/10: Fugitive emissions from fuels (solid, oil and gas)/13: Waste handling and disposal	Covered in-ground anaerobic reactor
PH-1206	Philippines	UK	EcoSecurities Ltd.		Apr 06	21	SMALL	3.348	CH4	AMS-III.D.	10: Fugitive emissions from fuels (solid, oil and gas)/13: Waste handling and disposal	Covered in-ground anaerobic reactor
PH-1208	Philippines	UK	EcoSecurities Ltd.		Jul 04	21	SMALL	3.346	CH4	AMS-III.D.	10: Fugitive emissions from fuels (solid, oil and gas)/13: Waste handling and disposal	Covered in-ground anaerobic reactor

ID	Country	Partner country	Company	Volume	Date	Period	Size	Amount	Gas	Methodology	Sector	Technology
PH-1205	Philippines	UK	EcoSecurities Ltd.		Okt 04	21	SMALL	1.785	CH4	AMS-III.D.	10: Fugitive emissions from fuels (solid, oil and gas)/13: Waste handling and disposal	Covered in-ground anaerobic reactor
PH-1207	Philippines	UK	EcoSecurities Ltd.		Sep 05	21	SMALL	3.994	CH4	AMS-III.D.	10: Fugitive emissions from fuels (solid, oil and gas)/13: Waste handling and disposal	Covered in-ground anaerobic reactor
PH-1325	Philippines	UK	Equity + Environment Assets Ireland Limited		Jul 06	21	SMALL	5.806	CH4	AMS-I.D./AMS-III.D.	1: Energy industries (renewable- / non-renewable sources)/10: Fugitive emissions from fuels (solid, oil and gas)/13: Waste handling and disposal	Covered in-ground anaerobic reactor
PH-1258	Philippines	Switzerland/Italy	Bunge Emissions Fund Limited/Pangea Green Energy S.r.l	21.767	Jul 07	10	LARGE	116.339	CH4	AMS-I.D./ACM0001	1: Energy industries (renewable- / non-renewable sources)/13: Waste handling and disposal	Biogas collection network, biogas aspiration and conditioning system, biogas flare, energy production plant, monitoring and control system
PH-1547	Philippines	Netherlands/Denmark/Italy/Luxemburg/Switzerland/Spain/Belgium/Canada/Germany/Japan/Norway/Sweden/Austria/Finland	(Environmental departments of all countries, several private corporations)		Mar 08	21	SMALL	6.058	CH4	AMS-III.F.	13: Waste handling and disposal	Windrows/Accelerated biodegradation bioreactor/Rotating drum composting system
PH-1503	Philippines	UK	Trading Emissions PLC	4.245	Jul 07	21	SMALL	28.729	CH4	AMS-III.H./AMS-I.D.	1: Energy industries (renewable-/non-renewable sources)/13: Waste handling and disposal/15: Agriculture	Covered in-ground anaerobic reactor/3 quality 100kW engines

PH-1853	Philippines	UK	Carbon Capital Markets Ltd.	116.498	Jul 07	10	LARGE	590	CH4	AMS-I.D./ACM0001	1: Energy industries (renewable-/non-renewable sources)/13: Waste handling and disposal	Landfill covering/Gas collection system/Electricity generation and grid connection system/Flaring system/Monitoring and protection system/Data recording and archiving system
PH-4669	Philippines	Spain	Endesa Generación, S.A.	9.242	Jun 07	7	LARGE	53.712	CH4/CH2	ACM0001/AM0025	1: Energy industries (renewable-/non-renewable sources)/13: Waste handling and disposal	Capture biogas/Anaerobic digestion/Landfill gas collection
TH-1040	Thailand	UK / Switzerland	Trading Emissions PLC ; Eco-Securities GroupPlc/ Trading Emissions PLC	60.668	May 03		LARGE	310.843	CH4	AM0022	13: Waste handling and disposal	Fugitive Methane Mitigation/Fuel Switching to use Biogas/Electricity Generation
TH-1413	Thailand	Japan	Mitsubishi UFJ Morgan Stanley Securities Co.,Ltd	7.937	Aug 04	10	LARGE	47.185	CH4	ACM0001	13: Waste handling and disposal	Landfill gas (LFG) collection/Generator
TH-1558	Thailand	Denmark	Danish Ministry of Climate and Energy/Danish Energy Agency	3.211	Oct 03	10	SMALL	23.556	CH4	AMS-I.D./AMS-III.D.	1: Energy industries (renewable-/non-renewable sources)/10: Fugitive emissions from fuels (solid, oil and gas)/13: Waste handling and disposal	Anaerobic wastewater reactors/Biogas electricity generators/Sand filter beds
TH-1552	Thailand	Denmark	Danish Ministry of Climate and Energy/Danish Energy Agency	1691.6	Oct 03	10	SMALL	15.958	CH4	AMS-I.D./AMS-III.D.	1: Energy industries (renewable-/non-renewable sources)/10: Fugitive emissions from fuels (solid, oil and gas)/13: Waste handling and disposal	Anaerobic wastewater reactors/Biogas electricity generators/Sand filter beds

ID	Country	Party		Date	Years	Size	ktCO2e	Gas	AMS-I.D./AMS-III.D.	Sector	Technology
TH-1554	Thailand	Denmark	Danish Ministry of Climate and Energy/Danish Energy Agency		32.092	Oct 03	10	SMALL	4.918	CH4		1: Energy industries (renewable - / non-renewable sources)/10: Fugitive emissions from fuels (solid, oil and gas)/13: Waste handling and disposal	Anaerobic wastewater reactors/Biogas electricity generators/Sand filter beds
TH-2110	Thailand	Japan	Tokyo Electric Power Co., Inc.; Toyota Tsusho Corporation	16.017	Jan 06	12	LARGE	87.586	CO2/CH4	AM0022	13: Waste handling and disposal	Anaerobic Baffled Reactor/Generator
TH-2076	Thailand	Liechtenstein	Government of the Principality of Liechtenstein; Foundation Myclimate	7.230	Jan 07	10	LARGE	4.365	CO2/CH4	AM0022	13: Waste handling and disposal	Covered inground anaerobic reactor
TH-2148	Thailand	Germany	Deutsche Gesellschaft für Technische Zusammenarbeit GmbH	3.189	Feb 06	15	LARGE	23.448	CO2/CH4	AM0013	13: Waste handling and disposal	Modern waste water treatment technology/completely stirred tank reactor
TH-2138	Thailand	Sweden/Spain/Asia Pacific Carbon Fund	Swedish Energy Agency/Kingdom of Spain	8.133	Jul 05	10	LARGE	48.167	CO2/CH4	AM0022	13: Waste handling and disposal	Covered In-Ground Anaerobic Reactor
TH-2144	Thailand	Switzerland/Austria	Swedish Energy Agency/Kommunalkredit Public Consulting GmbH	3.445	Mar 05	10	LARGE	24.726	CO2/CH4	AM0022	13: Waste handling and disposal	Covered In-Ground Anaerobic Reactor/Generators

TH-2141	Thailand	Switzerland/Austria	South Pole/Kommunalkredit Public Consulting GmbH	17.993	Jul 08	10	LARGE	97.468	CO2/CH4	AM0022	13: Waste handling and disposal	Screen extractor/Adjacent pump pit/Upflow Anaerobic Sludge Blanket/Generators
TH-1993	Thailand	Japan	Mitsubishi UFJ Secutities Co. Ltd	18.174	Mrz 05	12	LARGE	98.372	CO2/CH4	AMS-I.C./AM0013	1: Energy industries (renewable-/ non-renewable sources)/13: Waste handling and disposal	Upflow anaerobic sludge blanket technology biogas reactor/Generators
TH-2661	Thailand	-	Univanich Palm Oil Public Co. Ltd ; Carbon Bridge Pte Ltd	6.735	Apr 08	25	SMALL	41.174	CO2/CH4	AMS-III.H./AMS-I.D.	1: Energy industries (renewable - / non-renewable sources)/13: Waste handling and disposal	Biogas reactor/Wastwater treatment
TH-2644	Thailand	Japan	Mitsubishi UFJ Secutities Co. Ltd	3.269	Feb 04	15	SMALL	23.844	CO2/CH4	AMS-III.H./AMS-I.D.	1: Energy industries (renewable - / non-renewable sources)/13: Waste handling and disposal	Anaerobic digester/Gas engine
TH-2658	Thailand	Japan	Marubeni Corporation	1.883	Jun 07	12	SMALL	16.916	CO2/CH4	AMS-III.H./AMS-I.D.	1: Energy industries (renewable-/non-renewable sources)/13: Waste handling and disposal	Anaerobic /Electricity generator/Flare system
TH-2645	Thailand	Denmark	Ministry of Climate & Energy, Danish Energy Agency	6.555	Aug 04	20	SMALL	40.276	CO2/CH4	AMS-III.H./AMS-I.D.	1: Energy industries (renewable - / non-renewable sources)/13: Waste handling and disposal	Anaerobic waste-water treatment facility/ Upflow Anaerobic Sludge Blanket (UASB) technology
TH-2514	Thailand	Netherlands/France	Bionersis S.A.	22.222	Jul 08	15	LARGE	118.609	CO2/CH4	AMS-I.D./ACM0001	1: Energy industries (renewable - / non-renewable sources)/13: Waste handling and disposal	Landfill gas (LFG) collection and flaring system
TH-2620	Thailand	Japan	Mitsubishi UFJ Securities Co., Ltd.	2.900	Nov 07	15	SMALL	20.429	CO2/CH4	AMS-III.H./AMS-I.D.	1: Energy industries (renewable - / non-renewable sources)/13: Waste handling and disposal	Anaerobic digester to treat POME/ Methan recovery system/Digester

ID	Country	Partner	Credits	Date	Years	Size	Reductions	GHG	Method	Sector	Description
TH-2672	Thailand	Sweden/Spain/UK	EcoSecurities International Limited	1.966	Apr 04	20	SMALL	17.328	CO2/CH4	AMS-III.H./AMS-I.C./AMS-I.D.	1: Energy industries (renewable - / non-renewable sources)/13: Waste handling and disposal	Waste water treatment system/Covered In-Ground Anaerobic Reactor/Generator
TH-2659	Thailand	Japan	Marubeni Corporation	2.224	Mai 07	12	SMALL	18622	CO2/CH4	AMS-III.H./AMS-I.D.	1: Energy industries (renewable - / non-renewable sources)/13: Waste handling and disposal	Anaerobic continuous stir lagoon reactor (CSLR)/ Biogas extraction system/Flare system
TH-2556	Thailand	Switzerland/Portugal	South Pole Carbon Asset Mgnt Ltd./ Luso Carbon Fund - Fundo Especial de Investimento Fechado	6.840	Jul 06	20	SMALL	41.701	CO2/CH4	AMS-III.H./AMS-I.D.	1: Energy industries (renewable - / non-renewable sources)/13: Waste handling and disposal	Upflow anaerobic sludge blanket technology (UASB) biogas reactor/Tapioca pulp treatment and power generation
TH-2678	Thailand	Japan	SUMITOMO Corp.	9.701	Mai 05	20	SMALL	56.004	CO2/CH4	AMS-III.H./AMS-I.C./AMS-I.D.	1: Energy industries (renewable - / non-renewable sources)/13: Waste handling and disposal	Closed anaerobic wastewater treatment and biogas extraction system/Generators
TH-3334	Thailand	Japan	EX Corporation	2.261	Mrz 09	14	SMALL	18.804	CO2/CH4	AMS-III.H./AMS-I.D.	1: Energy industries (renewable - / non-renewable sources)/13: Waste handling and disposal	Waste water treatment in anaerobic processing system/Generators
TH-3663	Thailand	UK	EDF Trading Ltd (EDFT)	2.078	Mai 07	15	SMALL	17.890	CO2/CH4	AMS-III.G./AMS-I.D.	1: Energy industries (renewable - / non-renewable sources)/13: Waste handling and disposal	Landfill gas power generation plant including gas wells, a gas collection system, gas cleaning equipment and gas engine generator.
TH-2970	Thailand	Sweden/Spain	Swedish Energy Agency / Kingdom of Spain	8.865	Jun 07	25	LARGE	51.823	CO2/CH4	ACM0014	13: waste handling and disposal	Covered in-ground anaerobic reactor (CIGAR)/Biogas engine /Open flare.

TH-3085	Thailand	Japan	Agritech Marketing Co., Ltd.; NES Japan Company Ltd	2.369	Apr 07	21	SMALL	19.344	CO2/CH4	AMS-III.H./AMS-I.D.	1: Energy industries (renewable - / non-renewable sources)/13: Waste handling and disposal	Waste water treatment system/Generators
TH-3335	Thailand	Japan	Mitsubishi UFJ Securities Co., Ltd.	3.150	Dez 07	15	SMALL	23.248	CO2/CH4	AMS-III.H./AMS-I.D.	1: Energy industries (renewable - / non-renewable sources)/13: Waste handling and disposal	Anaerobic digester to treat POME/Methane recovery systems/Generators
TH-4250	Thailand	Switzerland/UK	Camco Carbon Ltd / Camco Carbon South East Asia Ltd	10.470	Mai 09	15	SMALL	59.851	CO2/CH4	AMS-III.H./AMS-I.C./AMS-I.D.	1: Energy industries (renewable - / non-renewable sources)/13: Waste handling and disposal	Thermal oil heater to generate heat /Gas engines
TH-3483	Thailand	UK	Xentolar Holdings Ltd.; Sindicatum Carbon Capital Ltd.	47.820	Mrz 09	21	LARGE	246.602	CO2/CH4	ACM0001	13: waste handling and disposal	Full integrated LFG collection system/Generators /Ground flare
TH-4019	Thailand	UK	EcoSecurities International Limited (EIL)	3.939	Nov 06	25	SMALL	27.194	CO2/CH4	AMS-III.H./AMS-I.D.	1: Energy industries (renewable - / non-renewable sources)/13: Waste handling and disposal	Covered in-ground anaerobic reactor (CIGAR)/Biogas engine/Open flare
TH-3462	Thailand	UK	Sindicatum Carbon Capital Ltd.; Xentolar Holdings Ltd	53.117	Mrz 09	21	LARGE	273.086	CO2/CH4	ACM0001/AM0025	13: waste handling and disposal	LFG collection system/Gas engines/Ground flare
TH-4479	Thailand	Denmark	Danish Ministry of Climate and Energy	0	Dez 06	20	SMALL	12.234	CO2/CH4	AMS-III.H./AMS-I.D.	1: Energy industries (renewable - / non-renewable sources)/13: Waste handling and disposal	Wastewater treatment system (Completely Stirred Tank Reactor (CSTR)) /Open lagoon system
TH-4089	Thailand	UK	EDF Trading Ltd	8.260	Dez 08	10	SMALL	48.799	CO2/CH4	AMS-III.H./AMS-I.D.	1: Energy industries (renewable - / non-renewable sources)/13: Waste handling and disposal	Anaerobic covered lagoon reactor/Gas engines

ID	Country	Party	Project Participant	kt CO2e	Date	Crediting period (yrs)	Size	Reductions	GHG	Methodology	Sectoral scope	Technology
TH-4491	Thailand	Denmark	Danish Ministry of Climate and Energy	2.755	Dez 06	20	SMALL	21.273	CO2/CH4	AMS-III.H./AMS-I.D.	1: Energy industries (renewable-/non-renewable sources)/13: Waste handling and disposal	Wastewater treatment system (Completely Stirred Tank Reactor (CSTR))/Open lagoon system
TH-4589	Thailand	Denmark	Danish Ministry of Climate and Energy	1.788	Dez 06	20	SMALL	16.442	CO2/CH4	AMS-III.H./AMS-I.D.	1: Energy industries (renewable-/non-renewable sources)/13: Waste handling and disposal	Wastewater treatment system (Completely Stirred Tank Reactor (CSTR))/Open lagoon system
TH-3737	Thailand	Japan	Marubeni Corporation	5.530	Mai 08	10 to 12	SMALL	35.151	CO2/CH4	AMS-III.H./AMS-I.C./AMS-I.D.	1: Energy industries (renewable-/non-renewable sources)/13: Waste handling and disposal	Covered lagoon digester/Gas engines
TH-4219	Thailand	Switzerland	South Pole Carbon Asset Mgnt Ltd.	8.863	Okt 05	15	SMALL	51.817	CO2/CH4	AMS-III.H./AMS-I.C./AMS-I.D.	1: Energy industries (renewable-/non-renewable sources)/13: Waste handling and disposal	Upflow anaerobic sludge blanket technology (UASB) biogas reactors/Gas engines
TH-4710	Thailand	UK	EDF Trading Limited	5.431	Jun 09	15	SMALL	34.653	CO2/CH4	AMS-III.H.	13: waste handling and disposal	Anaerobic continuous stir lagoon reactor (CSLR)/Gas engines
TH-4202	Thailand	Denmark	Danish Ministry of Climate and Energy	1.827	Jan 04	20	SMALL	16.636	CO2/CH4	AMS-III.H.	13: waste handling and disposal	Anaerobic continuous stir lagoon reactor (CSLR)/Gas engines
TH-4888	Thailand	Switzerland	South Pole Carbon Asset Management Ltd.	2.016	Dez 07	15	SMALL	17.580	CO2/CH4	AMS-III.H./AMS-I.D.	1: Energy industries (renewable-/non-renewable sources)/13: Waste handling and disposal	Anaerobic Sequence Batch Reactor (ASBR)/Upflow Anaerobic Sludge Blanket technology (UASB) biogas reactor for the treatment of wastewater and power generation/Gas engines

ID	Country	Party	Participant	Reductions	Date	Years	Scale	kCERs	Gas	Methodology	Sector	Technology
TH-4867	Thailand	Switzerland	South Pole Carbon Asset Management Ltd.	5.048	Dez 07	15	SMALL	32.740	CO2/CH4	AMS-III.H./AMS-I.C./AMS-I.D.	1: Energy industries (renewable - / non-renewable sources)/13: Waste handling and disposal	Anaerobic Sequence Batch Reactor (AS BR)/Upflow Anaerobic Sludge Blanket technology (UASB) biogas reactor for the treatment of wastewater and power generation/Gas engines
TH-4492	Thailand	Denmark	Danish Ministry of Climate and Energy	0	Jul 07	20	SMALL	11.109	CO2/CH4	AMS-III.H./AMS-I.D.	1: Energy industries (renewable-/non-renewable sources)/13: Waste handling and disposal	Completely Stirred Tank Reactor (CSTR)/Gas engines
TH-4574	Thailand	Denmark	Danish Ministry of Climate and Energy	1.722	Dez 06	20	SMALL	16.112	CO2/CH4	AMS-III.H./AMS-I.D.	1: Energy industries (renewable-/non-renewable sources)/13: Waste handling and disposal	Completely Stirred Tank Reactor (CSTR)/Gas engines
TH-5098	Thailand	Switzerland	South Pole Carbon Asset Mgnt Ltd.	8.369	Jun 09	15	SMALL	49.347	CO2/CH4	AMS-III.H./AMS-I.C./AMS-I.D.	1: Energy industries (renewable-/non-renewable sources)/13: Waste handling and disposal	Up flow Anaerobic Sludge Blanket" (UASB) system/Gas engines
TH-4214	Thailand	Denmark	Danish Ministry of Climate and Energy	4.405	Aug 03	20	SMALL	29.527	CO2/CH4	AMS-III.H./AMS-I.D.	1: Energy industries (renewable-/non-renewable sources)/13: Waste handling and disposal	Up flow Anaerobic Sludge Blanket" (UASB) system/Gas engines
TH-4323	Thailand	-	LamSoon (Thailand) PCL	0	Mrz 08	20	SMALL	9.754	-	AMS-III.H./AMS-I.D.	1: Energy industries (renewable - / non-renewable sources)/13: Waste handling and disposal	CSTR system
TH-4322	Thailand	-	UnitedPalm OilIndustry PCL	2.100	Mrz 08	20	SMALL	18.002	-	AMS-III.H./AMS-I.D.	1: Energy industries (renewable-/non-renewable sources)/13: Waste handling and disposal	CSTR system
TH-5005	Thailand	UK	Barclays Bank PLC	8.006	Mrz 09	20	SMALL	47.531	CO2/CH4	AMS-III.H./AMS-I.D.	1: Energy industries (renewable-/non-renewable sources)/13: Waste handling and disposal	Anaerobic tank digesters/Generators

Date: March 11 2012, 13:00

Source: http://cdm.unfccc.int/Projects/projsearch.html

3 Overview: Individual number of projects within each sectoral scope worldwide, in Indonesia, Philippines, Malaysia, Thailand

Diese Tabelle stellt die Verteilung der jeweiligen CDM-Sektoren weltweit und in Indonesien dar. Zum Vergleich wurden hier wieder die Philippinen, Malaysia und Thailand gewählt. Hinweis: Es ist möglich, dass ein Projekt mehreren Sektoren zugeordnet wird!

Die Daten resultieren aus den Recherchen in der Datenbank der UNFCCC.

Overview: Individual number of projects (no rejected projects) within each sectoral scope worldwide, in Indonesia, Philippines, Malaysia, Thailand

No.	Sectoral scope	Worldwide	Indonesia	Philippines	Malaysia	Thailand
1	Energy industries (renew-able- / non-renewable sources)	3286	34	42	41	55
2	Energy distribution	0	0	0	0	0
3	Energy demand	45	0	0	1	0
4	Manufacturing industries	260	8	1	6	3
5	Chemical industries	80	2	1	0	1
6	Construction	0	0	0	0	0
7	Transport	12	0	0	0	0
8	Mining/mineral production	55	0	0	0	0
9	Metal production	9	1	0	0	0
10	Fugitive emissions from fuels (solid, oil, gas)	181	2	10	0	3
11	Fugitive emissions from production and consumption of halocarbons and sulphur hexafluoride	30	0	0	0	0
12	Solvent use	0	0	0	0	0
13	Waste handling and disposal	639	43	17	83	51
14	Afforestion and reforestion	37	0	0	0	0
15	Agriculture	153	1	28	9	1
Number used of scopes		12	7	6	4	6

Date: March 17 2012 16:00
Source: http://cdm.unfccc.int/Projects/projsearch.html

4 Overview: Running and potential CDM-Projects and CDM - Sectoral scope 13 - Projects in specific region worldwide

Tabelle 4 untergliedert CDM-Projekte allgemein und CDM-Projekte zur Abfallwirtschaft nach Kontinentalzugehörigkeit und regionaler Lage. So soll ein Eindruck zur regionalen und weltweiten Verteilung der Projekte ermöglicht werden. Zu beachten ist, dass die Auswertungen sich auf alle in der Projektdatenbank der UNFCCC befindlichen Projekte beziehen. Es wurden lediglich abgewiesene Projekte aus den Untersuchungen ausgeschlossen. Somit werden laufenden Projekte betrachtet, genauso wie auf Registrierung Wartende oder Projekte in Nachbearbeitung. Die Quote abgewiesener Projekte liegt bei etwa 5 %, sodass Projekte im Validierungsprozess sehr gute Chancen haben, die Registrierung zu erlangen. Daher wurden sie in die Auswertung in Anhang 6 dieser Tabelle mit einbezogen.

Overview: Running and potential CDM - Projects and CDM - Sectoral scope 13 (Waste handling and disposal) - Projects in specific region worldwide

Host country	Continent	Region	CDM - Projects overall		Rejected CDM - Projects		Running and potential CDM - Projects			
			Total number	Within Sectoral scope 13	Total number	Within Sectoral scope 13	Total number	Within Sectoral scope 13	Sectoral scope 13 -Projects on CDM-Projects in Country in %	CDM-Projects in country on total number of CDM-Projects world wide in %	Sectoral scope 13 - Projects in country on total number of sectoral scope 13 - Projects world wide in %
			Total: 3434	Total: 579	Total: 128	Total: 10	Total: 3305	Total: 569			
Albania	Europe	South East Europe	1	0	0	0	1	0		0,0	
Algeria	Africa	North Africa	0	0	0	0	0	0			
Angola	Africa	Southern Africa	0	0	0	0	0	0			
Antigua and Barbuda	South America	Non-Continental South America	0	0	0	0	0	0			
Argentina	South America	Continental South America	21	12	1	0	20	12	57,1	0,6	2,1
Armenia	Asia	Central Asia	3	2	0	0	3	2	66,7	0,1	0,4
Azerbaijan	Asia	Central Asia	1	0	0	0	1	0		0,0	
Bahamas	North America	Central America	0	0	0	0	0	0			
Bahrain	Asia	West Asia	0	0	0	0	0	0			
Bangladesh	Asia	South Asia	1	0	0	0	1	0		0,0	
Barbados	South America	Non-Continental South America	0	0	0	0	0	0			
Belize	North America	Central America	0	0	0	0	0	0			
Benin	Africa	West Africa	0	0	0	0	0	0			
Bhutan	Asia	South Asia	1	0	0	0	1	0		0,0	

Bolivia	South America	Continental South America	3	0	0	0	3	0		0,1	
Bosnia Herzegovina	Europe	South East Europe	0	0	0	0	0	0			
Botswana	Africa	Southern Africa	0	0	0	0	0	0			
Brazil	South America	Continental South America	165	72	6	1	159	71	43,6	4,8	12,5
Burkina Faso	Africa	West Africa	0	0	0	0	0	0			
Burundi	Africa	East Africa	0	0	0	0	0	0			
Cambodia	Asia	South East Asia	3	1	0	0	3	1	33,3	0,1	0,2
Cameroon	Africa	Central Africa	2	2	0	0	2	2	100,0	0,1	0,4
Cape Verde	Africa	West Africa	0	0	0	0	0	0			
Chad	Africa	Central Africa	0	0	0	0	0	0			
Chile	South America	Continental South America	38	19	0	0	38	19	50,0	1,1	3,3
China	Asia	East Asia	1954	76	86	3	1868	73	3,9	56,5	12,8
Colombia	South America	Continental South America	19	10	0	0	19	10	52,6	0,6	1,8
Comoros	Africa	East Africa	0	0	0	0	0	0			
Costa Rica	North America	Central America	7	1	0	0	7	1	14,3	0,2	0,2
Cote d'Ivoire	Africa	West Africa	3	2	0	0	3	2	66,7	0,1	0,4
Cuba	North America	Central America	2	1	0	0	2	1	50,0	0,1	0,2
Cyprus	Asia	West Asia	4	0	0	0	4	0		0,1	
Democratic People's Republic of Korea	Asia	East Asia	0	0	0	0	0	0			

Democratic Republic of the Congo	Africa	Central Africa	0	0	0	0	0	
Djibouti	Africa	East Africa	0	0	0	0	0	
Domenican Republic	North America	Central America	3	1	0	3	1	33,3	0,1	0,2
Ecuador	South America	Continental South America	15	5	0	15	5	33,3	0,5	0,9
Egypt	Africa	North Africa	8	1	0	8	1	12,5	0,2	0,2
El Salvador	North America	Central America	4	0	0	4	0		0,1	
Equatorial Guinea	Africa	Central Africa	1	1	1	0	0	100,0		
Eritrea	Africa	East Africa	0	0	0	0	0			
Ethiopia	Africa	East Africa	1	0	0	1	0	0,0		
Fiji	Australia	Oceania	2	1	0	2	1	50,0	0,1	0,2
Gabon	Africa	Central Africa	0	0	0	0	0			
Gambia	Africa	West Africa	0	0	0	0	0			
Georgia	Asia	Central Asia	0	0	0	0	0			
Ghana	Africa	West Africa	1	1	0	1	1	0,0	0,0	0,2
Grenada	South America	No-Continental South America	0	0	0	0	0		0,0	
Guatemala	North America	Central America	11	4	0	11	4	36,4	0,3	0,7
Guinea	Africa	West Africa	0	0	0	0	0			
Guinea-Bissau	Africa	West Africa	0	0	0	0	0			
Guyana	South America	Continental South America	1	0	0	1	0	0,0	0,0	
Haiti	North America	Central America	0	0	0	0	0			

Honduras	North America	Central America	20	4	3	0	17	4	20,0	0,5	0,7
India	Asia	South Asia	414	21	12	0	402	21	5,1	12,2	3,7
Indonesia	Asia	South East Asia	71	43	1	1	70	42	60,6	2,1	7,4
Iran (Islamic Republic of)	Asia	South Asia	10	0	0	0	10	0		0,3	
Israel	Asia	West Asia	11	2	0	0	11	2	18,2	0,3	0,4
Jamaica	North America	Central America	1	0	0	0	1	0		0,0	
Jordan	Asia	West Asia	3	1	0	0	3	1	33,3	0,1	0,2
Kenya	Africa	East Africa	5	0	0	0	5	0		0,2	
Kuwait	North America	Central America	0	0	0	0	0	0			
Kyrgyzstan	Asia	Central Asia	0	0	0	0	0	0			
Laos People's Democratic Republic	Asia	South Asia	2	0	0	0	2	0		0,1	
Lebanon	Asia	West Asia	0	0	0	0	0	0			
Lesotho	Africa	Southern Africa	0	0	0	0	0	0			
Liberia	Africa	West Africa	1	1	0	0	1	1	100,0	0,0	
Libya	Africa	North Africa	0	0	0	0	0	0			
Madagascar	Africa	East Africa	2	0	0	0	2	0	0,0	0,1	
Malawi	Africa	East Africa	0	0	0	0	0	0			
Malaysia	Asia	South East Asia	111	82	6	2	105	80	73,9	3,2	14,1
Maledives	Asia	South Asia	0	0	0	0	0	0			
Mali	Africa	West Africa	1	0	0	0	1	0		0,0	
Malta	Europe	South Europe	0	0	0	0	0	0			
Mauritania	Africa	West Africa	1	1	0	0	1	1	100,0	0,0	0,2
Mauritius	Africa	East Africa	1	0	0	0	1	0		0,0	

Mexico	North America	Central America	128	101	2	0	126	101	78,9	3,8	17,8
Mongolia	Asia	Central Asia	2	0	0	0	2	0		0,1	
Montenegro	Europe	South East Europe	0	0	0	0	0	0			
Morocco	Africa	North Africa	5	0	0	0	5	0		0,2	
Mozambique	Africa	Southern Africa	1	0	1	0	0	0			
Myanmar	Asia	South East Asia	0	0	0	0	0	0			
Namibia	Africa	Southern Africa	0	0	0	0	0	0			
Nepal	Asia	South Asia	6	0	0	0	6	0		0,2	
Nicaragua	North America	Central America	5	1	0	0	5	1	20,0	0,2	0,2
Niger	Africa	West Africa	0	0	0	0	0	0			
Nigeria	Africa	West Africa	5	5	0	0	5	5	100,0	0,2	0,9
Oman	Asia	West Asia	0	0	0	0	0	0			
Pakistan	Asia	South Asia	12	1	0	0	12	1	8,3	0,4	0,2
Panama	North America	Central America	7	0	0	0	7	0		0,2	0,0
Papua New Guinea	Australia	Oceania	1	0	0	0	1	0		0,0	
Paraguay	South America	Continental South America	2	0	0	0	2	0		0,1	
Peru	South America	Continental South America	18	4	0	0	18	4	22,2	0,5	0,7
Philippines	Asia	South East Asia	55	16	2	0	53	16	29,1	1,6	2,8
Qatar	Asia	West Asia	0	0	0	0	0	0			
Republic of Korea	Asia	East Asia	22	3	0	0	22	3	13,6	0,7	0,5
Republic of Moldowa	Europe	South East Europe	4	0	0	0	4	0		0,1	

Rwuanda	Africa	East Africa	3	0	0	3	0		0,1
Saint Lucia	South America	Non-Continental South America	0	0	0	0	0		
Samoa	Australia	Oceania	0	0	0	0	0		
Saudi Arabia	Asia	West Asia	0	0	0	0	0		
Senegal	Africa	West Africa	2	0	0	2	0		0,1
Serbia	Europe	South East Europe	4	0	0	4	0		0,1
Sierra Leone	Africa	West Africa	0	0	0	0	0		
Singapore	Asia	South East Asia	2	1	0	2	1	50,0	0,1
Solomon Islands	Australia	Oceania	0	0	0	0	0		
South Africa	Africa	Southern Africa	16	5	1	15	4	31,3	0,5
Sri Lanka	Asia	South Asia	9	0	1	8	0	0,0	0,2
Sudan	Africa	North Africa	0	0	0	0	0		
Suriname	South America	Continental South America	0	0	0	0	0		
Swaziland	Africa	Southern Africa	0	0	0	0	0		
Syrian Arab Republic	Asia	West Asia	3	2	0	3	2	66,7	0,1
Tajikistan	Asia	Central Asia	0	0	0	0	0		
Thailand	Asia	South East Asia	62	49	1	60	48	79,0	1,8	8,4
The former Yugoslav Republic of Macedonia	Europe	South East Europe	2	0	0	1	0	0,0	0,0
Togo	Africa	West Africa	0	0	0	0	0		
Trinidad and Tobago	South America	Non-Continental South America	0	0	0	0	0		

Tunisia	Africa	North Africa	2	2	0	0	2	2	100,0	0,1	0,4
Turkmenistan	Asia	Central Asia	0	0	0	0	0	0			
Uganda	Africa	East Africa	10	1	0	0	10	1	10,0	0,3	0,2
United Arab Emirates	Asia	West Asia	2	2	0	0	2	2	100,0	0,1	0,4
United Republic of Tanzania	Africa	East Africa	1	1	0	0	1	1	100,0	0,0	0,2
Uruguay	South America	Continental South America	2	1	0	0	2	1	50,0	0,1	0,2
Uzbekistan	Asia	Central Asia	2	1	0	0	2	1	50,0	0,1	0,2
Viet Nam	Asia	South East Asia	109	16	2	0	107	16	14,7	3,2	2,8
Yemen	Asia	West Asia	0	0	0	0	0	0			
Zambia	Africa	Southern Africa	1	0	0	0	1	0	0,0	0,0	
Zimbabwe	Africa	Southern Africa	0	0	0	0	0	0			

Date: March 12 2012 10:30
Source: http://cdm.unfccc.int/Projects/projsearch.html

5 Evaluation: CDM-Projects Worldwide by Continent

Nachstehend wurden die Daten aus Anhang 4 ausgewertet. Zunächst wurde der Anteil an CDM-Abfallwirtschaftsprojekten an der Gesamtzahl der Projekte nach Kontinent ermittelt.

Weiterhin wird jeweils der kontinentale Anteil an der Gesamtzahl der CDM-Projekte und CDM-Projekten zur Abfallwirtschaft ermittelt.

CDM - Projects worldwide by Continent

Continent	Running and potential CDM - Projects				
	Total number of CDM Projects	Total number of CDM Projects – Sectoral scope 13: Waste handling and disposal	Percentage share of sectoral scope 13: Waste handling and disposal of CDM-Projects on Continent (%)	Percentage of share on (running/potential) CDM-Projects on continent on total number of (running/potential) CDM-Projects (%)	Percentage of share on (running/potential) sectoral scope 13-CDM-Projects on continent on total number of (running/potential) sectoral scope 13-CDM-Projects
Africa	70	21	30,0	2,1	3,7
Asia	2763	312	11,3	83,6	54,8
Australia	2	1	50,0	0,1	0,2
Europe	10	0	0,0	0,3	0,0
North America	183	113	61,7	5,5	19,9
South America	277	122	44,0	8,4	21,4
SUM	3305	569		100	100

6 Evaluation: CDM-Worldwide by Region

Diese Tabelle wertet die Daten aus Anhang 4 weiter aus. Es wurde der Anteil an CDM-Abfallwirtschaftsprojekten (Sectoral Scope 13) in einer spezifischen Region an der der Gesamtzahl der Projekte auf dem Kontinent ermittelt.

Weiter wird jeweils der regionale Anteil von CDM-Projekten und Abfallwirtschaftsprojekten im Rahmen des CDM zur Gesamtzahl weltweit angegeben.

Overview: CDM - worldwide by Region

Running and potential CDM – Projects

Continent	Region	Total number of CDM-Projects	Total number of CDM-Projects – Sectoral scope 13	Percentage share of sectoral sco-pe 13 on CDM-Projects in region (%)	Percentage of share on (running/potential) CDM-Projects in region on total number of (running/potential) CDM-Projects on continent (%)	Percentage of share on (running/potential) CDM-Projects in region on total number of (running/potential) CDM-Projects worldwide (%)	Percentage of share on (running/potential) sectoral scope 13-CDM-Projects in region on total number of (running/potential) sectoral scope 13-CDM-Projects on continent (%)	Percentage of share on (running/potential) sectoral scope 13-CDM-Projects in region on total number of (running/potential) sectoral scope 13-CDM-Projects worldwide (%)
Africa		70	21					
	Central Africa	2	2	100,0	2,9	0,06	9,5	0,4
	East Africa	23	2	8,7	32,9	0,70	9,5	0,4
	North Africa	15	3	20,0	21,4	0,45	14,3	0,5
	Southern Africa	16	4	25,0	22,9	0,48	19,0	0,7
	West Africa	14	10	71,4	20,0	0,42	47,6	1,8
Asia		2763	312					
	Central Asia	8	3	37,5	0,3	0,24	1,0	0,5
	East Asia	1890	76	4,0	68,4	57,17	24,4	13,4
	South Asia	442	22	5,0	16,0	13,37	7,1	3,9
	South East Asia	400	204	51,0	14,5	12,10	65,4	35,9
	West Asia	23	7	30,4	0,8	0,70	2,2	1,2
Australia		3	1					
	Oceania	3	1	33,3	100,0	0,09	100,0	0,2

Europe		10	0	0,00				0,0
	South East Europe	10	0	0,0	100,0	0,30	100,0	0,0
	South Europe	0	0		0,0	0,00	0,0	0,0
North America		183	113	61,7				
	Central America	183	113	61,7	100,0	5,54	100,0	19,9
South America		277	122	44,0				
	Continen-tal South America	277	122	44,0	100,0	8,38	100,0	21,4
	No-Continental South America	0	0		0,0	0,00	0,0	0,0
SUM		3306	569					

7 Evaluation: CDM-South East Asia

Diese Tabelle bezieht sich auf die Anzahl aller und abfallwirtschaftsspezifischen CDM-Projekte in Südostasien. Hierzu zählen, wie in Anhang 4 definiert wurde Indonesien, Malaysia, die Philippinen, Kambodscha, Myanmar, Singapur, Thailand und Vietnam. Hierbei wurde der prozentuale Anteil dieser Staaten bezogen auf CDM-Projekte allgemein und CDM - Sectoral scope 13 an der Gesamtzahl der Region ermittelt und dargestellt.

CDM - South East Asia

Country	Total number of CDM-Projects	Total number of CDM-Projects within sec.sc. 13	Percentage of share on CDM-Projects in country on total number of projects in region in %	Percentage of share on sectoral scope 13-CDM-Projects on total number of sectoral scope 13 CDM-Projects in region in %
Cambodia	3	1	0,8	0,5
Indonesia	70	42	17,5	20,6
Malaysia	105	80	26,3	39,2
Myanmar	0	0	0,0	0,0
Philippines	53	16	13,3	7,8
Singapore	2	1	0,5	0,5
Thailand	60	48	15,0	23,5
Viet Nam	107	16	26,8	7,8
SUM	400	204		

8 Used Methodologies in the Sectoral Scope 13: Waste Handling and Disposal

Die folgende Tabelle gibt die Zahl der verwendeten Methoden zur Emissionsminderung bezogen auf sectoral scope 13 des CDM wieder. Hierbei wurden Daten zu weltweiten und kontinentalen Verteilung recherchiert. Die Daten entstammen der Projektdatenbank der UNFCCC.

Hinweis: Es ist möglich, dass ein Projekt mehr als einer Methode zugeordnet wird.

Used Methodologies in the Sectoral Scope 13: Waste Handling and Disposal

	Renewable Energy	Energy Efficieny	GHG destruction								GHG formation avoidance									TOTAL
	AM0025	AMS-III.AJ.	AM0 073	ACM 0001	ACM 0010	ACM 0014	AMS-III.G.	AMS-III.H.	AMS-III.AF.		AM0 025	AM0 039	AM0 057	AM0 080	AM0 083	AMS-III.E.	AMS-III.F.	AMS-III.I.	AMS-III.Y.	
Worldwide	21	0	0	131	6	6	23	135	0		22	7	1	0	0	25	40	3	1	421
Indonesia	1	0	0	7	0	2	0	21	0		1	3	0	0	0	0	6	0	0	41
Africa	3	0	0	11	0	0	2	0	0		3	7	0	0	0	0	0	0	0	26
Asia	17	0	0	64	5	6	14	119	0		17	0	1	0	0	14	38	1	1	297
Australia	0	0	0	0	0	0	0	1	0		0	0	0	0	0	0	0	0	0	1
Europe	0	0	0	0	0	0	0	0	0		0	0	0	0	0	0	0	0	0	0
North America	0	0	0	15	0	0	0	5	0		0	0	0	0	0	0	1	0	0	21
South America	1	0	0	41	1	0	8	6	0		2	0	0	0	0	11	1	2	0	73

9 Registration of CDM-Projects

Nachstehende Tabelle zeigt die zeitliche Entwicklung der Registrierung von CDM-Projekten. Dem wird die Entwicklung der Registrierung von Projekten des sectoral scope 13 gegenübergestellt. Die Daten wurden aus der Projektdatenbank der UNFCCC gewonnen.

Registration of CDM - Projects worldwide and Indonesia

Registrated until (not beginning of the project!)	Number of new registrated projects until this date	Number of new registrated projects of sec.sc. 13 until this date	Number of new registrated projects in this period in Indonesia until this date	Number of new registrated projects of sec.sc. 13 in Indonesia until this date	Cumulated sum of registrated projects until this date	Cumulated sum of registrated projects of sec.sc.13 until this date	Cumulated sum of registrated projects in Indonesia until this date	Cumulated sum of registrated projects of sec.sc. 13 in Indonesia until this date
Jun. 04	0	0	0	0				
Dez. 04	1	1	0	0	1	1	1	0
Jun. 05	8	0	0	0	9	1	1	0
Dez. 05	51	14	0	0	60	15	1	0
Jun. 06	152	40	1	0	212	55	2	0
Dez. 06	230	103	5	2	442	158	7	2
Jun. 07	210	38	1	1	652	196	8	3
Dez. 07	152	34	3	1	804	230	11	4
Jun. 08	188	43	4	1	992	273	15	5
Dez. 08	179	16	5	2	1171	289	20	7
Jun. 09	328	47	4	2	1499	336	24	9
Dez. 09	252	77	17	15	1751	413	41	24
Jun. 10	225	21	6	5	1976	434	47	29
Dez. 10	436	36	9	5	2411	470	56	34
Jun. 11	466	50	10	6	2877	520	66	40
Dez. 11	345	35	4	3	3222	555	70	43
Mrz. 12	7	2	0	0	3229	557	70	43

Date: March 12 2012 18:00
Source: http://cdm.unfccc.int/Projects/projsearch.html

10 Übersicht zur Methodenkategorisierung

Nachstehende Tabelle gibt eine Übersicht zu den zur Verfügung stehenden Methoden bei der Kategorisierung eines Projektes. Die Darstellung stammt aus dem Handbuch zur Kategorisierung von Projekten der UNFCCC (UNFCCC, 2010). Da ein CDM-Projekt sich nicht auf einen Sektor beschränken muss, sondern mehrere Sektoren implizieren kann, ist die gesamt Grafik dargestellt. Sektor 13 ist hervorgehoben.

- Methodologies for large scale CDM project activities
- Methodologies for small scale CDM project activities
- Methodologies for small and large scale afforestation and reforestation (A/R) CDM project activities

AM0000 Methodologies that have a particular potential to directly improve the lives of women and children

Table VI-1.   **Methodology Categorization in the Energy Sector**

Sectoral scope	Type	Electricity generation and supply	Energy for industries	Energy (fuel) for transport	Energy for households and buildings
1 Energy industries (renewable-/ non renewable sources) Displacement of a more-GHG-intensive output	Renewable energy	AM0007 AM0019 AM0025 AM0026 AM0042 AM0052 AM0085 ACM0002 ACM0006 ACM0018 AMS-I.A. AMS-I.C. AMS-I.D. AMS-I.F. AMS-I.G. AMS-I.H.	AM0007 AM0025 AM0036 AM0053 AM0069 AM0075 AM0089 ACM0006 AMS-I.C. AMS-I.F. AMS-I.G. AMS-I.H.	AM0089 ACM0017	AM0025 AM0053 AM0069 AM0072 AM0075 AMS-I.A. AMS-I.B. AMS-I.C. AMS-I.E. AMS-I.F. AMS-I.G. AMS-I.H.
	Low carbon electricity	AM0029 AM0074 AM0087	AM0087		
	Energy efficiency	AM0014 AM0024 AM0048 AM0049 AM0061 AM0062 AM0076 AM0084 ACM0007 ACM0012 ACM0013 AMS-II.B. AMS-II.H. AMS-III.AL.	AM0014 AM0024 AM0048 AM0049 AM0054 AM0055 AM0056 AM0076 AM0084 ACM0012		AM0058 AM0084
	Fuel/feedstock switch	AM0045 AM0048 AM0049 ACM0011 AMS-III.AG. AMS-III.AH. AMS-III.AM.	AM0014 AM0048 AM0049 AM0056 AM0069 AM0081 ACM0009 AMS-III.AM.		AM0081

Table VI-1. **Methodology Categorization in the Energy Sector** (continued)

Sectoral scope	Type	Electricity generation and supply	Energy for industries	Energy (fuel) for transport	Energy for households and buildings
2 Energy distribution	Renewable energy	AM0045	AM0053 AM0069 AM0075		
	Energy efficiency	AM0045 AM0067 AMS-II.A.			
	Fuel/feedstock switch	AM0045	AM0077		
3 Energy demand	Renewable energy				AMS-III.AE.
	Energy efficiency	AMS-III.AL.	AM0020 AM0044 AM0060 AM0068 AM0088 AM0017 AM0018 AMS-I.I. AMS-II.C. AMS-II.F. AMS-II.G.		AM0020 AM0044 AM0046 AM0060 AM0086 AMS-II.C. AMS-II.E. AMS-II.F. AMS-II.G. AMS-II.J. AMS-II.K. AMS-III.AE. AMS-III.X.
	Fuel/feedstock switch	AMS-III.B.	AM0003 ACM0005 AMS-II.F. AMS-III.B.		AMS-II.F. AMS-III.B.

Table VI-2. **Methodology Categorization other Sectors**

Sectoral scope	Renewable energy	Energy Efficiency	GHG destruction	GHG formation avoidance	Fuel/Feedstock Switch	GHG removal by sinks	Displacement of a more-GHG-intensive output
4 Manufacturing industries	AM0007 AM0036 ACM0003 AMS-III.Z.	AM0014 AM0024 AM0049 AM0055 AM0070 ACM0012 AMS-II.D. AMS-II.H. AMS-II.I. AMS-II.M. AMS-III.P. AMS-III.Q. AMS-III.V. AMS-III.Z.	AM0078 AMS-III.K.	ACM0005 AM0041 AM0057 AM0065 AMS-III.L.	AM0014 AM0049 ACM0003 ACM0005 ACM0009 ACM0015 AMS-III.N. AMS-III.Z. AMS-III.AD. AMS-III.AM.		AM0070 ACM0012

Table VI-2. **Methodology Categorization other Sectors** (continued)

Sectoral scope	Renewable energy	Energy Efficiency	GHG destruction	GHG formation avoidance	Fuel/Feedstock Switch	GHG removal by sinks	Displacement of a more-GHG-intensive output
5 Chemical industries	ACM0017 AM0053 AM0075 AM0089	AM0055 AMS-II.M. AMS-III.AC. AMS-III.AJ.	AM0021 AM0028 AM0034 AM0051	AMS-III.M. AMS-III.AI.	AM0027 AM0037 AM0050 AM0063 AM0069 AMS-III.J. AMS-III.O.		AM0055 AM0069 AM0081
6 Construction							
7 Transport	AMS-III.T. AMS-III.AK.	AM0031 AM0090 ACM0016 AMS-III.C. AMS-III.S. AMS-III.U. AMS-III.AA.			AMS-III.S.		
8 Mining/mineral production	ACM0003		ACM0008 AM0064 AMS-III.W.		ACM0005 ACM0015		
9 Metal production	AM0082	AM0038 AM0059 AM0066 AM0068 AMS-III.V.		AM0030 AM0059 AM0065	AM0082		
10 Fugitive emissions from fuel (solid, oil and gas)			AM0064 ACM0008 AMS-III.W.	AM0023 AM0043	AM0009 AM0037 AM0077	AM0074	AM0009 AM0077
11 Fugitive emissions from production and consumption of halocarbons and SF_6			AM0001 AM0078 AMS-III.X.	AM0035 AM0065 AM0079 AMS-III.X.	AM0071 AMS-III.AB.		
12 Solvent use							
13 Waste handling and disposal	AM0025	AMS-III.AJ.	AM0073 ACM0001 ACM0010 ACM0014 AMS-III.G. AMS-III.H. AMS-III.AF.	AM0025 AM0039 AM0057 AM0080 AM0083 AMS-III.E. AMS-III.F. AMS-III.I. AMS-III.Y.			

Table VI-2. **Methodology Categorization other Sectors** (continued)

Sectoral scope	Renewable energy	Energy Efficiency	GHG destruction	GHG formation avoidance	Fuel/Feedstock Switch	GHG removal by sinks	Displacement of a more-GHG-intensive output
14 Land-use, land-use change and forestry	AM0042					AR-AM0002	
						AR-AM0004	
						AR-AM0005	
						AR-AM0006	
						AR-AM0007	
						AR-AM0009	
						AR-AM0010	
						AR-AM0011	
						AR-ACM0001	
						AR-ACM0002	
						AR-AMS0001	
						AR-AMS0002	
						AR-AMS0003	
						AR-AMS0004	
						AR-AMS0005	
						AR-AMS0006	
						AR-AMS0007	
15 Agriculture			AM0073	AMS-III.A.			
			ACM0010				
			AMS-III.D.				
			AMS-III.R.				

11 Verwendete Methoden des Projektes PT NOEI

Die nachstehenden Projektdatenblätter enthalten Informationen zu den angewandten Methoden bei dem in dieser Arbeit betrachteten CDM-Projekt PT NOEI. Die Methoden AM0001 (Treibhausgasvernichtung) und AM0025 (Erneuerbare Energien) sind dem Sektor 13 - Abfallwirtschaft zugehörig. Methode AMS-I.D. (Elektrizitätsproduktion und -bereitstellung) wird in Sektor 1 - Energieindustrie - Ersatz von kohlenstoffintensiven Produkten - Erneuerbare Energie platziert. Die Datenblätter stammen aus dem Handbuch zur Kategorisierung von Projekten der UNFCCC (UNFCCC, 2010).

AM0001 Incineration of HFC 23 waste streams

Typical project(s)	Destruction of HFC-23 generated during the production of HCFC-22 that otherwise would be vented into the atmosphere.
Type of GHG emissions mitigation action	• GHG destruction. Thermal destruction of HFC-23 emissions.
Important conditions under which the methodology is applicable	• The HCFC-22 production facility has an operating history of at least three years between the beginning of the year 2000 and the end of the year 2004 and has been in operation from 2005 until the start of the project; • The HFC-23 destruction occurs at the same industrial site where the HCFC-22 production facility is located; • There is no regulatory requirement for destruction of the total amount of HFC-23 waste.
Important parameters	At validation: • The maximum historical annual production of HCFC-22 during any of the most recent three years of operation between the year 2000 and 2004; • The minimum historical rate of HFC-23 generation in the HCFC-22 production during any of the most recent three years of operation up to 2004.
	Monitored: • Production of HCFC-22; • Quantity of HFC-23 destroyed; • Quantity of HFC-23 not destroyed.
BASELINE SCENARIO HFC-23 generated during the production of HCFC-22 is released to the atmosphere.	
PROJECT SCENARIO HFC-23 is destroyed in the HCFC-22 production facility.	

UNFCCC CLEAN DEVELOPMENT MECHANISM
METHODOLOGY BOOKLET NOVEMBER 2010 (up to EB 56)

AMS-I.D.

AMS-I.D. Grid connected renewable electricity generation

Typical project(s)	Construction and operation of a power plant that uses renewable energy sources and supplies electricity to the grid (greenfield power plant) or retrofit, replacement or capacity addition of an existing power plant that uses renewable energy sources and supplies electricity to the grid.
Type of GHG emissions mitigation action	• Renewable energy. Displacement of electricity that would be provided to the grid by more-GHG-intensive means.
Important conditions under which the methodology is applicable	• Combined heat and power generation is not eligible (here, AMS I.C can be used); • Special conditions apply for reservoir-based hydro plants.
Important parameters	At validation: • Grid emission factor (can also be monitored ex post).
	Monitored: • Quantity of net electricity supplied to the grid; • Quantity of biomass/fossil fuel consumed. Net calorific value and moisture content of biomass.
BASELINE SCENARIO Electricity provided to the grid by more-GHG-intensive means.	
PROJECT SCENARIO Electricity is generated and supplied to the grid using renewable energy technologies.	

AM0025 Avoided emissions from organic waste through alternative waste treatment processes

Typical project(s)	The project involves one or a combination of the following waste treatment options: composting process in aerobic conditions; or gasification to produce syngas and its use; or anaerobic digestion with biogas collection and flaring and/or its use (this includes processing and upgrading biogas and then distribution of it via a natural gas distribution grid); or mechanical/thermal treatment process to produce refuse-derived fuel (RDF)/ stabilized biomass (SB) and its use; or incineration of fresh waste for energy generation, electricity and/or heat.
Type of GHG emissions mitigation action	• GHG emission avoidance; • Renewable energy. CH_4 emissions due to anaerobic decay of organic waste is avoided by alternative waste treatment processes. Organic waste is used as renewable energy source.
Important conditions under which the methodology is applicable	• The proportions and characteristics of different types of organic waste processed in the project can be determined; • Neither industrial nor hospital waste may be incinerated; • In case of anaerobic digestion, gasification or RDF processing of waste, the residual waste from these processes is aerobically composted and/or delivered to a landfill; • The baseline scenario is the disposal of the waste in a landfill site without capturing landfill gas or with partly capturing it and subsequently flaring it.
Important parameters	Monitored: • Weight fraction of the different waste types in a sample and total amount of organic waste prevented from disposal; • Electricity and fossil fuel consumption in the project site.
BASELINE SCENARIO Disposal of the waste in a landfill site without capturing landfill gas or with partly capturing and subsequently flaring it.	Waste → Disposal → Landfill gas → Release → CH_4
PROJECT SCENARIO Alternative waste treatment process. Such processes could be composting, gasification, anaerobic digestion with biogas collection and flaring and/ or its use, mechanical/thermal treatment process to produce RDF or SB and its use, or incineration of fresh waste for energy generation.	Waste → Composting Waste → RDF → Burning